Vorerinnerung.

Margaretha von Anjou erscheint hier zum erstenmal: Albrecht von Wallenstein verbessert und sehr vermehrt.

Berlin im September 1806.

Margaretha von Anjou.

Nachdem die englische Herrschaft über Frankreich durch die Jungfrau von Orleans gebrochen und der Muth des französischen Volkes wieder gehoben war, mußte das königliche Haus von England die Länder, die es noch jenseit des Kanals besaß, durch Verbindungen mit den mächtigen Fürsten schützen, die als Vasallen, nur in scheinbarer Abhängigkeit vom französischen Thron waren. Deshalb hatte der verständige Herzog von Glocester, Regent von England und Oheim des minderjährigen Königs Heinrich, eine Vermählung desselben mit der Tochter des Grafen von Armagnac gewünscht und betrieben. Sie hätte ihrem Gemahl als Erbtheil die Staaten ihres Vaters zugebracht, die benachbart mit

Guyenne zur Sicherung dieser vornehmsten Besitzung der Engländer in Frankreich von ausgezeichneter Wichtigkeit waren.

Der Herzog von Glocester war mit dem Grafen von Armagnac so weit in Unterhandlungen gekommen, daß die brittische Nation mit freudiger Zuversicht die Vermählung ihres Königs mit der Erbgräfin von Armagnac erwartete; aber das Gemüth desselben zerstörte diese Hoffnung.

In seinem achten Jahre mit den Kronen von Frankreich und England beschenkt und jetzt im dreiundzwanzigsten viel zu schwach, nur eine derselben zu tragen, bedurfte er schlechterdings einer Gemahlin, an welcher er sich im Leben halten und die für dasselbe die männliche Rolle übernehmen konnte. Wenigstens war dies Bedürfniß seines Herzens, und alle Leidenschaft, deren seine Natur fähig war, entstand aus dem Streben, sich durch einen solchen Bund den mangelnden Gehalt zu geben.

Schon der Ruf von dem reichen, muthigen

Geist und der Schönheit Margaretha's von Anjou entzündete seine Seele, welche auf das leidenschaftlichste beim Anblick eines Gemäldes von ihr bewegt wurde, das der Graf von Suffolk ihm aus Frankreich übersandte.

Sogleich gab er diesem Vertrauten Befehl, in seinem Namen, ohne Wissen des Herzogs von Glocester um sie zu werben. Daß ihr Vater, König René von Sicilien, Neapel und Jerusalem, von allen diesen Reichen gar nichts besaß, und vom fremden Wohlwollen unterhalten, sich glücklich pries, zu Nancy leben zu können; daß der Graf von Armagnac für die Schmach der verlassenen Tochter sich furchtbar an Guyenne rächen werde; daß es nur bei dem Herzog von Glocester stehn mogte, die Beleidigung, welche ihm und der brittischen Nation durch die Vermählung Heinrichs mit Margaretha widerfuhr, zu benutzen, um selbst den englischen Thron zu besteigen: alles dies kam jetzt in keine Erwägung. Der leidenschaftliche Jüngling stand sogar nicht bei sich an, die Provinzen Anjou und

Maine, in deren Besitz noch die Engländer waren, an das Haus der Geliebten zu versprechen.

Als der Herzog von Glocester gewahr wurde, wie weit die Verhandlung zu Nancy gediehn war, und wie seine Gegner unter den brittischen Großen, zu welchen auch der Graf von Suffolk gehörte, alles aufopfern würden, um sie ihrem Wunsch gemäß zu beendigen, sorgte er nur, die Erbitterung der Nation wider diese Heirath ihres Königs zu besänftigen, und dies geschah durch seine bestimmte, offne Beförderung der Uebereinkunft mit König René. Unter dem Jubel des englischen Volkes ward Margaretha am dreissigsten Mai des Jahrs 1445 zu Westmünster gekrönt.

Erzogen von einem Vater, wie König René, dessen frisches ritterliches Gemüth durch ein Schicksal, welches ihm drei nichtige Kronen gab, an abentheuerlichen Muth gewöhnt war; früh bewundert und von der Natur eben so verschwenderisch mit Vorzügen ausgestattet, als durch die Kraft ihres Willens ausgebildet, hätte sie nur durch die Ehe mit einem Mann, der als solcher so vollkommen, wie sie als Weib gewesen wäre, und deshalb höher gestanden hätte, innerhalb des weiblichen Kreises erhalten und weiblich glücklich werden können. Als Gemahlin Heinrichs des Sechsten von England mußte sie beim Ehrgeiz das Glück suchen, was ihr die Liebe vorenthielt, und es schien ihr Frevel gegen ihre gerechten Ansprüche, wenn mit der Macht ihres königlichen Gemahls noch ein andrer, als sie, zu schalten wagte. Der Herzog von Glocester mußte gestürzt werden, wenn sie in England ihre Heimath finden sollte.

Leicht ward es ihr, die Ehrfurcht zu erschüttern, welche Heinrich gegen seinen Oheim empfand, schwerer, ihn zurückzuhalten, daß sein jähling er Zorn nicht kraftlos wider den Herzog aufflammte, ehe der Sturz desselben hinlänglich vorbereitet war. Die Liebe der Nation für ihn, welche bestätigte, was anfänglich Heinrich zu seiner Gemahlin sagte, daß Glocester nie seine Macht gemißbraucht habe, erforderte bei dem

Beginnen zu seinem Verderben die äußerste Vorsicht.

Einige Bewegungen, welche der Graf von Armagnac in Guyenne wider die englische Regierung veranlaßte, wurden von Margaretha und ihrer Parthei so vorgestellt, als gehörte der Herzog von Glocester mit unter die Anstifter derselben, um durch seine Freundschaft mit dem Grafen von Armagnac sich einen unabhängigen Staat in Guyenne zu errichten. Allein der König selbst glaubte nicht an diese Erdichtung und alle böse Laune, die man ihm wider seinen Oheim beibrachte, währte immer zu wenig Augenblicke, die schuldige Ehrfurcht kehrte immer zu schnell zurück, als daß sich ein Plan entwerfen ließ, den Herzog durch die Macht des Throns zu Grunde zu richten. Man beschloß daher, ihm förmlich vor dem Parlament den Proceß zu machen.

Der König durfte es nicht zu London zusammen berufen, welche Stadt zu sehr die Verdienste Glocesters ehrte; sondern zu Edmondsbury, wo der Angeklagte der Gewalt mehr preisgegeben war, sollte er vor seinen Richtern erscheinen. Selbst da blieb seine Vertheidigung bei der grossen Gunst der Nation für ihn seinen Feinden gefährlich, und eben deshalb ließ Margaretha nach der ersten Anklage dem Herzog seine volle Freiheit, damit er sich der Gefahr entziehen und nach Frankreich übergehen mögte, durch welche Flucht er dem Vorwurfe, daß er sich in Guyenne eine eigene Macht gründen wolle, Scheinbarkeit gegeben hätte. Allein Gloster sah der Gefahr kühn entgegen, vom Bewußtseyn seiner Unschuld festgehalten und vielleicht auch der einzigen Schuld, die auf seinem Leben ruhte, von welcher er, nach der stolzen Offenheit seines Charakters, es reinigen wollte durch ein öffentliches Bekenntniß derselben.

Als seine Macht während der Minderjährigkeit Heinrichs im höchsten Glanze war, daß allgemein geachtet wurde, er dürfte ohne Scheu sich die **Krone** selbst aufsetzen, erschien am Hofe Anna Nevill, die Tochter des Grafen von Salisbury. Ihre Anmuth und Schönheit bezauberten den Regenten, der um diese Zeit Wittwer geworden, und sogleich den Gedanken faßte, sich mit Lady Nevill zu vermählen. Aber weit entfernt von jenem frischen Alter, wo Liebe unmittelbar um Liebe wirbt, machte er Anna's Vater zum Vertrauten seiner Absicht, welche ihr selbst noch verhehlt wurde. Um so freier schaltete sie mit ihrer Gunst und erwiederte die heftige Leidenschaft, die der Herzog von Sommerset, wiewol schon verheirathet, für sie gefaßt hatte. Sie war dem Herzog von Glocester verborgen, als er mit seinem Antrag hervortrat, welchem Anna unter Beistimmung des Geliebten Gehör gab; aber seinen berechnenden Blicken konnte sie nicht lange verheimlicht werden, und er verfolgte mit der Wut des beleidigten Stolzes die ersten Spuren seines Argwohns. Den Tag vorher, da die Hochzeit seyn sollte, sahn sich die Liebenden verkleidet in einem Dorfe unfern London. Gloster vernahm von seinen Kundschaftern, welche Sommerset nicht erkannt hatten, daß die Lady allein mit einem Mann, der ihr Geliebter schiene, dort welle. Er beschloß, die Liebenden mit eigner Hand zu durchbohren, und stürmte nach ihrem Aufenthalt mit vertrauten Geleite. Sie waren schon auf der Heimkehr nach London. Er hörte es von einigen Landleuten, welche sagten, daß die Frau mit anderm Volke in einem Nachen die Themse hinabgefahren sei. Gloster eilte zurück, um sie beim Aussteigen zu überfallen. Ein Nachen landet, wo er in nächtlichem Dunkel harrt: nichts erkennend, fragt er: von wannen das Schifflein? und glaubt nun, sein Opfer gewiß zu haben. Er springt selbst in den Nachen, wähnt die Lady zu sehn und stößt einer Frau den Dolch in den Busen, sein Gefolge dolcht die wenigen Uebrigen nieder. In grauser Stille versenken sie Fahrzeug und Leichen; und Gloster ist überzeugt, seine blutige Rache verborgen zu haben. Er klagt sich ihrentwegen nicht an, und der Einzige, welchem er Rechenschaft deshalb geben will, Anna's Vater, wird von ihrer Schuld und ihrem Schicksal unterrichtet. Salisbury glaubt auf Glosters Zeugniß die Schande seiner

Tochter und billigt die Rache; doch will auch er, daß beides verschwiegen bleibe.

Jahre vergingen und über dem Geheimniß ruhte tiefes Schweigen; aber bei der ersten Anklage gegen den Herzog von Glocester, indem er mit dem König und Margaretha zu Rathe saß, erschien in Trauerkleidung Anna Nevill.

Sie war in dem Boote gewesen, wo Alles gemordet wurde; doch des Herzogs Stimme erkennend hatte sie sich in die Themse gestürzt. Durch die weibliche Tracht jener Zeit begünstigt, war sie von den Fluten weggetragen, bis das Licht einer vorüberschiffenden Chaluppe auf sie fiel. Sie ward bemerkt und gerettet von einem Schiffskapitän aus der Normandie, welcher sie auf seinem Schiffe verborgen hielt, bis er nach Frankreich überging. Dorthin kam zu derselben Zeit Margaretha Stuart, als Braut des Dauphin. Ihr offenbarte sich Anna zum Theil, und lebte von ihr beschützt, unerkannt in der Verkleidung zu Paris, bis ihr der Tod ihre Beschützerin entriß. Mit kühnem Vertrauen eilte sie nun zu Margaretha von Anjou in dem Augenblick ihrer Ueberschiffung nach England, und empfing sogleich die Verheissung vollkommnen Schutzes. Dem Geiste dieser Fürstin waren schon alle Pläne gegenwärtig, wofür sie die romanhafte Erscheinung benutzen konnte, und Anna Nevill wurde gleichsam der Mittelpunkt, von welchem aus sie die brittischen Großen zuerst berühren wollte.

Der Herzog von Sommerset, welcher vom Schicksal Anna's keine Spur entdeckt und Jahre in Trauer um sie zugebracht hatte, ward sogleich auf das innigste an die Königin gekettet, welche dem Ueberraschten die noch immer zärtlich Geliebte zurückgab. Er war jetzt Wittwer und durch seine Vermählung mit ihr hoffte die Königin das große Haus der Nevills zu gewinnen. Mit äußerster Vorsicht mußte er dem Grafen von Salisbury seine Schuld am Geschick Anna's und die Wahrscheinlichkeit offenbaren, daß sie noch lebe. Allein die Antwort des Vaters war, daß er dann seine schandvolle Tochter mit einer gewissern Faust, als Gloster, durchbohren werde.

Je mehr dieser Versuch mißlungen war, desto heftiger mußte geeilt werden, Anna's Gegenwart zu benutzen; denn es ließ sich erwarten, daß Salisbury dem Herzog von Glocester sogleich mittheilen werde, was er von Sommerset erfahren hatte. Dieser, bisher mit ihm in scheinbar freundschaftlichem Verhältniß, mußte nun seiner eignen Rettung wegen, eilen, ihn zu verderben. Deshalb machte er den Ankläger in jener Stunde, wo Anna vor dem erschütterten Gloster wie ein Gespenst auftrat.

Der Herzog war zu stolz, seine That einen Augenblick zu leugnen und bangte nicht vor dem Gedanken, im Angesicht der Nation sie zu bekennen. Diese richtete über Anna's Schuld, die sich darthun ließ, sicher eben so strenge, als er selbst, und der Schuldigen eigener Vater sprach ihn laut frei, mit verdammender Stärke wider seine Tochter. Er brauchte sich gewiß nicht damit zu entschuldigen, daß er dies eine Mal von Wut hingerissen worden und sein ganzes übriges Leben voll von Verdiensten gegen das Vaterland sei.

Wahrscheinlich entzog er sich auch deshalb nicht der drohenden Gefahr, wozu ihm die Königin und seine Feinde so sichtbar Zeit ließen, weil ihn die Entwicklung der Verhältnisse der wenigstens ehmals von ihm geliebten Anna auf dem Schauplatz festhielt. Ohne Zeichen von Unruhe erwartete er in seiner Wohnung den Tag, wo er vor dem Parlament erscheinen sollte. Da geriethen seine Feinde in ungemeine Bestürzung, und stellten dem König vor, wie wenig es schicklich sei, daß Gloster, der doch ein großes Verbrechen schon bekannt hätte, noch frei umhergehe und in Gestalt eines Unschuldigen vor seinen Richtern erscheinen solle; und der schwache König gab dem Konnetabel von England den Befehl, den Herzog gefangen zu nehmen und nach dem Tower zu bringen. Gloster reichte ihm sein Schwert mit einem tiefen Seufzer, daß seine Feinde über die Güte Heinrichs gesiegt hätten.

Mit Staunen empfing er im Gefängniß einen Besuch von seinem eigentlichen und öffentlichen Ankläger, dem Herzog von Sommerset, welcher von der Angst getrieben wurde, daß Gloster in seiner Vertheidigung die ganze Schuld der geliebten Anna Nevill offenbaren und so Schande über seine künftige Gemahlin bringen mögte. Er gestand dem Gefangnen, daß er der Geliebte Anna's gewesen sei und sie noch liebe; daß er ihrentwegen, sie zu rächen und retten, die Anklage unternommen habe, aber auch Alles zur Rettung Glosters thun wolle, sobald dieser nur förmlich die Beschuldigungen widerriefe, die er wider Anna bei ihrem Vater vorgebracht hätte. Durch einen solchen Antrag fand sich der Herzog überaus beleidigt: er verbarg seine Wut nicht und wiederholte einigemale die Versicherung, daß er im Gegentheil Anna's Verbrechen mit den schwärzesten Farben der Nation schildern werde. Sommerset sah nun keine Rettung seiner Geliebten, als die äußerste Gewalt. Er warf sich auf Gloster, und bei diesem Zeichen stürzten einige Männer hinzu, die ihn in seiner Gegenwart erwürgten. Darauf ließ er ihn ins Bette legen, als ruhig schlafend, und kehrte

heim-

heimlich zurück, wie er gekommen war, mit Beihülfe eines Officiers vom Tower. 1447. Febr. 28.

Es läßt sich nicht bestimmen, in wiefern die Königin von dem Vorhaben Sommersets unterrichtet gewesen sei; aber sicher konnte er darauf rechnen, daß sie die mörderische That gut hieß, von welcher sie zu große Vortheile erndtete. Nur von der Todesstunde Glosters an konnte sie sich als Besitzer der königlichen Macht betrachten, und nur sein Ruin verhinderte ihren. Er hatte ihr zwar von ihrer ersten Erscheinung in Britannien an, Beweise von Ehrfurcht und Wohlwollen gegeben, und sich erhaben über jede Empfindlichkeit gezeigt, daß durch ihre Vermählung mit dem König sein Lieblingsplan unter gehässigen Umständen gescheitert war; aber ihre letzten Schritte wider ihn hatten ihm zu sehr verrathen, wonach ihr Ehrgeiz durstete, als daß er ihr nicht hätte entgegentreten müssen, so lange er athmete.

Die Nation trauerte tief über Glosters Tod,

und Margaretha war viel zu klug, diese Trauer hemmen oder drücken zu wollen. Sie stimmte vielmehr darin ein, und ließ des Herzogs Leichnam drei Tage öffentlich ausstellen. Man nahm keine Wunde an ihm wahr, und wenn die nähere Umgebung der Hofpartheien die Urheber des traurigen Ereignisses errieth: so entstand im Volke nicht aller Glauben den Gerüchten, die vom Hof ausgingen, daß sich Gloster selbst gewürgt oder vergistet habe.

Vieles traf unmittelbar nach seinem Tode zusammen, um seinen Verlust die Nation tief empfinden zu lassen. Der stolze und planvolle Herzog von York war jetzt für die herrschende Parthei der gefährlichste Nebenbuhler, zumal da er behauptete, ein Recht auf die Krone selbst zu besitzen. Herzog Heinrich von Lankaster hatte freilich König Richard den Zweiten vom Thron gestürzt, und in seinem glücklichen Raub der englischen Krone lag wesentlich das Recht, womit sie sein Enkel Heinrich der Sechste jetzt trug; aber die Rechtsansprüche an sie durch Erbfolge konnte er nur vom dritten Sohn des Königs Eduard des Dritten herleiten, indem vom zweiten, dem Herzog von Clarence, der Herzog Richard von York abstammte, so daß er in der Ordnung der Erbfolge vor dem König ohne Zweifel stand. Seine großen persönlichen Eigenschaften, besonders sein kriegerischer Muth und seine männliche Verschlossenheit machten seinen Ehrgeiz, der einem solchen Rechte ganz entsprach, sehr gefährlich, zumal einem so furchtsamen und milden Jüngling, wie König Heinrich, gegenüber. Dazu kam, daß er überaus reiche Güter besaß, und in Verbindung mit den angesehnsten Häusern Britanniens war, vorzüglich durch seine Vermählung mit der Tochter Ralph Nevills, Grafen von Westmoreland. Auch war ihm die Statthalterschaft in Frankreich übertragen, und er führte den Oberbefehl in der Normandie.

Margaretha stand zu ihm in einem sehr gespannten Verhältniß. Der Herzog von Glocester hatte ihn ihr zum Gemahl bestimmt, um ihre Vermählung mit Heinrich abzuwenden; allein der wirkliche König ward dem vorgezogen, der nur Ansprüche auf eine Krone hatte. Dann hatte sie versucht, ihn zu gewinnen, gerührt von seinen persönlichen Eigenschaften und seinem wichtigen Einfluß auf die brittische Nation; allein in seine verschloßne Brust drangen keine Weiberkünste. Um so mehr mußte nun geeilt werden, seiner Furchtbarkeit Abbruch zu thun, und man fing damit an, daß man ihm seine Statthalterschaft nahm. York ertrug es mit scheinbarer Gleichgültigkeit.

Sein Nachfolger in der Normandie war der Herzog von Sommerset, auf welchen die Königin als einen treuen Genossen bauen konnte. Allein er ging schon mit zerrißnem Herzen hinüber; denn die geliebte Anna Nevill, die seine Zärtlichkeit gränzenlos und schwärmerisch erwiedert hatte, wandte sich von ihm mit geheimen Schaudern, seitdem er Mörder geworden, und weigerte sich unter manchen Vorwänden, ihm nach Frankreich zu folgen oder sich mit ihm zu vermählen. Ausserdem übernahm er die Statthalterschaft unter ungünstigen Umständen. Durch die Abtretung der Provinz Maine hatten die Engländer den Schlüssel zu der Normandie weggegeben, und König Karl der Siebente von Frankreich hatte seit dem Waffenstillstande mit England (1443 Mai 28) planmäßige Rastlosigkeit verwendet, um die zerrüttete französische Kraft wieder herzustellen.

Als unter solchen Umständen das Kriegsfeuer wieder ausbrach, unterlagen die Engländer leicht dem reissenden Erfolge der Waffen des Königs von Frankreich, und sowol die Normandie als Guyenne gingen ihnen in kurzer Zeit verloren. Sie wurden fast gänzlich aus Frankreich vertrieben.

Für Margaretha war der Unwille der englischen Nation über diese Schmach durch alle Nebenverhältnisse drückender. Dem todten Glocester, dem lebenden York, welchen sie aus Frankreich weggedrängt hatte, dienten diese Niederlagen zum Triumph. Auf sie brachten sie den Verdacht, als sei es ihrer Vorliebe für ihr Vaterland und ihre Familie angenehm, Frankreichs Flor durch die englischen Unfälle begünstigt zu sehn. Ihr Genosse Sommerset war es, welcher die schöne Normandie preisgab und ihr vertrautester Liebling, der Herzog von Suffolk, ward vor allen angeklagt, an der Erniedrigung Englands Schuld zu seyn.

Seit Glosters Tode hatte offenbar er alle Regierungsgewalt mit der Königin übernommen. Er war ihr vertraut geworden, da er als Graf von Suffolk für den König um sie geworben, und die heftige Leidenschaft, die er selbst für sie faßte, scheint Margaretha nicht von ihm entfernt zu haben. Wahrscheinlich rechnete sie ihm dieselbe sogar als ein Verdienst an: wenigstens läßt sich sonst nicht begreifen, wie sie bei ihrem eindringenden Geiste einem so verdienstlosen Manne so ganz ergeben seyn konnte.

Kaum war die Nachricht verbreitet, daß die Engländer aus Frankreich vertrieben wären, so erhob das Haus der Gemeinen wider Suffolk eine Klage, die auf den zwei Hauptpunkten beruhte, daß er durch Verrätherei die französischen Provinzen an den Feind gebracht, und daß er habsüchtig, ungerecht, tyrannisch im Innern Englands gewaltet, die Schätze der Krone in Schulden verwandelt habe. Schwerlich ließ sich irgend einer dieser Punkte darthun, und das Unnatürliche der englischen Herrschaft in Frankreich, die aufgelösete innere Ordnung trugen eine Schuld, die ihm beigemessen wurde. Indessen blieb ausgemacht, daß er ein unfähiger Staatsmann mit schlechtem Herzen sei, und um so gefahrvoller bedrohte ihn die Schuld der Umstände und der Haß der Nation.

Die Königin gerieth darüber in die lebhafteste Unruhe. Sie ließ ihn in den Tower bringen, vielleicht nur, ihn zu sichern, und besuchte ihn im Gefängniß, um sich von seinem Anblick so rühren zu lassen, daß sie ihm Freiheit und Rang wiederschenkte. Dann rieth sie ihm, den Oberbefehl über Truppen zu übernehmen, die in der Normandie landen sollten, und verbreitete darauf, daß er schon dahin abgegangen sei. Allein eben diese leidenschaftliche Theilnahme der Königin für ihn spornte seine Verfolger. In der Angst gerieth sie auf den Einfall, ihren Gemahl eine richterliche Scene spielen zu lassen, wodurch der geliebte Suffolk gerettet würde. Der König berief die geistlichen und weltlichen Lords in sein Zimmer, und der Angeklagte ward vorgeführt. Auf die Frage: was er zu seiner Vertheidigung sagen könne? ergab er sich in die königliche Gnade. Heinrich selbst sprach ihn darauf von der Anklage des Hochverraths frei, nicht so von der fehlerhaften Geschäftsführung, und verbannte ihn auf fünf Jahre aus dem Königreich. Schweigend vernahmen die Lords diesen Ausspruch, welcher mehr Beschützung war, als Strafe.

Zwei Franzosen am englischen Hofe wurden durch Margaretha's Verheissungen bewogen, den Günstling zur Nachtzeit an den Strand zu geleiten, wo ihn ein Schiff unter einem französischen Kapitän aufnahm. Freudig entfernte sich Suffolk von der englischen Küste, als plötzlich sein Fahrzeug von einem Kriegsschiff angehalten wurde. Der Befehlshaber desselben ruhte sogleich von seiner Nachsuchung, als er den Herzog gefunden hatte. Er nahm ihn stillschweigend in sein Schiff hinüber, und die Mannschaft faßte ihn auf seinen Wink, und schlug ihm den Kopf ab, ehe der Unglückliche ein Wort gesprochen hatte. Leiche und Haupt wurden nachlässig auf den Sand von Dover geworfen.

Schon glaubte Margaretha ihren Liebling sicher in Frankreich, als sie hörte, daß seine Leiche in London zur öffentlichen Schau dargelegt sei, und von dem jauchzenden Volk verhöhnt werde; und bei dieser gräßlichen Nachricht verbot ihr die Klugheit, ihr zerrißnes Herz in Thränenfluten zu verrathen. Sie erschien öffentlich mit unerschütterter Standhaftigkeit und forschte nicht nach, auf wessen Anstiften Suffolk so grausam geopfert sei; denn an der Nationalfreude darüber merkte sie, daß seine Ermordung, von welchem seiner Feinde sie veranstaltet seyn mögte, von der Nation gegen jede Ahndung gesichert seyn werde.

In ihrer ganzen Umgebung fand die Königin jetzt keinen Vertrauten, den sie zum Nachfolger Suffolks hätte wählen können, als den Herzog von Sommerset. Er war es freilich, unter dessen Befehl die Normandie für die Engländer verloren gegangen, und ihn traf der Haß der Nation so wütend als seinen Vorgänger, wiewol er als der eigentliche Mörder Glosters nicht bekannt war; allein eben wegen seiner Verbrechen, die Margaretha kannte, glaubte sie ihn am besten zügeln zu können.

Auf den ersten Ruf eilte Sommerset an den Hof, wo die geliebte Anna Nevill lebte und von der Königin fortdauernd mit dem innigsten Vertrauen behandelt wurde. Allein statt der Geliebten fand er ein Schreiben von ihrer Hand, worin sie bekannte, daß ihr Herz nicht mehr für ihn schlage, und sie deshalb seine Gegenwart meide. Von Schmerz durchdrungen stürmte er mit Vorwürfen gegen Margaretha, daß sie ihm seine Geliebte nicht besser bewahrt habe, und ihn beschwichtigte kaum der Gegenvorwurf, daß dieser Liebe wegen schon Suffolk gefallen sei, dem der Tod Glosters beigemessen worden.

Auch tröstete ihn die Hoffnung, vermittelst der Gewalt, die ihm übertragen wurde, die Spuren der Geliebten zu entdecken, die mit einem kleinen Gefolge plötzlich den Hof verlassen hatte, ohne daß irgend jemand wußte, welchen Weg sie genommen habe. Er erforschte bald, daß sie auf einem Landgute des Herzogs von York mehrere Tage zugebracht hätte, und dann nach Irland übergegangen wäre, indem sich damals ihre beiden Brüder, der Graf von Warwick und der Ritter Thomas Nevill, zu Dublin aufhielten.

Dort lebte aber auch der Herzog von York, welchem sie durch Freundschaft verbunden waren, und nun bezweifelte Sommerset nicht mehr, was der Ruf von Zärtlichkeit zwischen Anna und diesem Fürsten gesagt hatte. Auch überkam bald die Kunde, daß der Herzog die Geliebte mit den höchsten Ehrenbezeugungen zu Dublin empfangen habe, und frei durch den Tod seiner Gemahlin, sich mit ihr vermählen wolle.

Der Haß Sommersets und der Königin wider York ward nun unermeßlich, wie die Furcht wegen seiner Größe. In das rauhe Irland war er als Statthalter geschickt, um unter den widerspenstigen Barbaren seinen Ruhm einzubüßen, oder vom frühen Tode weggerissen zu werden. Aber durch Klugheit und Milde weise regierend, war er an Ruhm und Macht gewachsen, und nun sollte ihn noch eine Liebe krönen, die Sommerset als sein Eigenthum betrachtete, um derentwillen er zum Verbrecher geworden.

Einiger Trost war es ihm noch, daß die Kunde von der vollzogenen Vermählung zwischen York und Anna Nevill immer ausblieb, so öffentlich jener sie angezeigt und der heldenmäßige Graf von Warwick seine Freude darüber bezeigt hatte. Gleichwol kündete das Gerücht nicht an, daß die beiden Liebenden entzweit wären, und welches Hinderniß ihrer Heirath entgegenstrebe.

Es lag in dem hohen Sinn des alten Grafen von Salisbury. Kaum vernahm er die Absicht des Herzogs von York, sich mit seiner Tochter zu vermählen: so ging er nach Irland, ihm zu offenbaren, was er von Anna's Verbindung mit Sommerset wußte, als sie die Verlobte des Herzogs von Glocester war, und ihn abzumahnen von der Heirath mit einem nicht tugendhaften Weibe. Die hohe angelsächsische Schätzung der Keuschheit der Frauen war noch ganz in seinem Gemüth, und der romantische Geist der Liebe, welcher von Frankreich her auch nach England hinüberwehte, entschuldigte bei ihm nicht das Laster. Er wollte nicht, daß ein edler Britte mit seiner Tochter betrogen werden sollte, und gab lieber zu, daß Anna als Buhlerin des Herzogs von York lebte, der von der Ehe mit ihr zurückgeschreckt, die Leidenschaft für sie nicht bezwingen konnte.

Indem durch solche Verhältnisse die Spannung zwischen dem königlichen Hofe und dem Herzog von York immer zunahm, zeigte diesem ein Abentheurer, wie leicht ihm gelingen könne, seine Ansprüche auf die Krone durchzusetzen.

Ein Irländer von geringer Geburt, John

Cade, ein Verbrecher, welcher sich aus Frankreich, wohin er der Strafe entflohn war, wieder nach England hinüberwagte, trat auf als Johann Mortimer und verbreitete den Glauben, daß er ein Sohn des Johann Mortimer sei, welcher beim Anfang der Regentschaft Glosters, vom Parlament verurtheilt, hingerichtet worden, und wenn gleich schuldig, doch als Fürst aus dem Hause York für ein Opfer der eifersüchtigen Linie Lankaster beim Volke galt.

In Kent floß die Menge sogleich zu seinen Fahnen; ein schwacher Heerhaufe, den ihm der Hof entgegen sandte, ward von ihm geschlagen; mit stürmischer Eile warf er sich auf London. Er schickte ein Schreiben an den König, und erbot sich die Waffen niederzulegen, wenn man nur den dringendsten Beschwerden der Nation genugthun wolle. Diese scheinbare Mäßigung bahnte ihm den Eingang in die Stadt, wo er eine Zeitlang mit strenger Zucht seine Banden zusammenhielt; aber um so zügelloser ward ihre Wildheit, als er sich nicht rein von Verbrechen und deshalb auch nicht die Ordnung erhalten konnte. Die Bürger Londons mußten jetzt auf sie losschlagen. Nach erlittener Niederlage hörten die Kenter gern auf die Amnestie, welche der geflüchtete Hof verkünden ließ. Ein Preis würde auf Cade's Kopf gesetzt: er ward von einem Manne aus Sussex getödtet.

Die Königin und der Herzog von Sommerset sahn die ganze Rolle, die der Betrüger gespielt, als einen Versuch an, den eigentlich der Herzog von York gemacht hätte, um zu erproben, wie weit er auf die Stimmung der Nation wider den Hof vertrauen könne. Man wollte Spuren einer Verbindung zwischen ihm und Cade haben, und er bereitete sich wirklich, zu derselben Zeit nach England hinüberzukommen. Weil man erwartete, daß es im Gefolge einer ansehnlichen bewaffneten Macht geschehn werde: so wurden Befehle gegeben, ihm die Landung zu verwehren. Allein York erschien nur mit seinem gewohnten Geleite. Es ist ungewiß, ob er damals entschlossen gewesen, die Ansprüche seines

Hauses auf den Thron bestimmt auszuführen; aber es leidet keinen Zweifel, daß er seine ganze Furchtbarkeit daran, wie sehr er gefürchtet ward, nun erkannte.

Wenn auch der Betrüger Cade nicht ohne sein Anstiften aufgetreten war, so lag es doch nicht in Yorks Sinnesart, den Sturm, der so erregt worden, unmittelbar zum Ruin des Hofes zu benutzen. Durch die Sanktion seiner gewaltsamen Besteigung des Throns von dem Parlament hatte Heinrich von Lankaster seine Königsmacht zur Angelegenheit der Nation gemacht, und das Recht auf die Krone, welches dem Hause Lankaster so einigermaßen aus dem Nationalwillen entsprungen war, mußte auf demselben Wege wieder zu Grunde gerichtet werden, ehe York sich für sein Recht der Erbfolge mit dauerndem Erfolg bewaffnen mogte.

Ihm lag daher alles daran, durch das Parlament zu handeln, und dieses hoffte bei seinem Unwillen wider die Regierung auf die Macht des Hauses York. Von nun an machte sich von

selbst

selbst ein Zusammenhang zwischen den Schritten, welche beide thaten. Als die Gemeinen forderten, daß Sommerset und einige andre vom Hofe verbannt werden sollten, sammelte Herzog Richard ein Heer in Wales, und sandte ein Schreiben an den König, worin er die Bestrafung der Verräther verlangte.

Darauf ließ Margaretha unter dem Namen ihres Gemahls eine milde Antwort ergehn, nur um Zeit zu gewinnen, weil kein königliches Heer zusammengezogen war; und der Herzog von York, der Unterhandlungen erwartete, sah plötzlich ein überlegenes Heer des Hofes im Anzuge. Eilig wandte er sich nun gegen London; aber die Thore der Stadt waren verschlossen: jetzt da der König im Felde und nahe stand, war nicht der Zeitpunkt, wo die Einwohner sich wider ihn zu erklären wagten. Nun wollte sich Richard nach Kent zurückziehn; aber Margaretha und Sommerset drängten hart auf ihn, und so muthig er war, fürchtete er doch eine Schlacht mit ihnen. Auch der Sieg hätte ihn nicht auf den

Thron geführt: wenigstens wäre dadurch das Recht des Hauses Lankaster auf die Krone nicht gestürzt worden. Dagegen hatte die Königin eben so wenig Ursache, eine Schlacht zu wünschen. Selbst ein vollkommner Sieg konnte ihr nichts geben, was sie nicht schon hatte.

Auch einige von Richards Freunden, sogar die Grafen von Salisbury und von Warwick, waren im königlichen Lager. Es kam leicht zu Unterhandlungen, bei welchen der Herzog von York immer darauf bestand, daß Sommerset vom Hofe entfernt und dem Gericht des Parlaments unterworfen werden müßte. Der Hof schien in diese Forderung zu willigen, und in Gegenwart von zwei Bischöfen, welche die Unterhändler machten, ließ sich der Herzog von Sommerset ins Gefängniß führen. Ueberrascht von dieser Nachgiebigkeit des Hofes, mußte auch York sein Versprechen erfüllen, seine Truppen auseinander gehn zu lassen; denn er durfte das Vertrauen, welches die Nation auf ihn gesetzt hatte, durch keine Handlung täuschen. Auch begab er sich, ohne irgend eine Maaßregel für seine Sicherheit zu treffen, zu einer Unterredung mit dem König.

Kühn und offen nannte er auch in ihr den Herzog von Sommerset einen Verräther; aber in demselben Augenblick trat dieser heftig hinter einem Vorhange hervor, um seine Unschuld darzuthun. Richard sah sich in den Händen seiner Feinde, und beklagte sich nur mit großer Mäßigung, daß man ihm so wenig Wort gehalten habe, und nannte Sommerset den Urheber auch dieses Betruges. Arglos entließ der König den Herzog von York; aber schon beim Hinausgehn ward er gefangen genommen.

Bald darauf flog Sommerset dahin, wo Anna Nevill sich aufhielt, bangend über das Schicksal des Geliebten; denn sie wußte, an Glosters Tod zurückdenkend, in welchen mörderischen Händen er war. Liebeglühend und racheschnaubend bat er um die Erlaubniß, sie zu sehn. Seine alte Zärtlichkeit übermannte ihn wieder beim Anblick der Geliebten. Da ward er gewahr, daß sie schwanger sei. Von seinen Fragen überrascht, gestand sie, daß sie sich dem Herzog von York ganz hingegeben habe. Rasend vor Eifersucht, stößt er ihr zweimal den Dolch in den Busen und stürzt hinweg.

Trotz der Wut, womit Sommerset handelte, sah Margaretha wohl ein, wie gefährlich es sei, sich an dem Herzog von York zu vergreifen. Er war der Liebling der Nation, und wäre als Opfer für dieselbe bei seinem Fall bewundert und gerächt worden. Mehrere große Baronen im königlichen Heere selbst würden bei fortdauernder oder äußerster Gewalt gegen ihn das Schwert für ihn gezogen haben, und sein Sohn, dessen Freiheit unversehrt war, mogte leicht des Vaters Rettung oder blutige Rache erzwingen. Doch glaubte die Königin, ehe sie ihm die Freiheit wiedergab, ihn so viel wie möglich für die Zukunft fesseln zu müssen.

Der Herzog mußte dem König geloben, daß er nie die Waffen wider ihn ergreifen werde, und bei der geringsten Wortbrüchigkeit ohne weiteres Verfahren gegen ihn sich des Todes schuldig halte. Auch mußte sein Sohn Eduard, Graf von la Marche, des Vaters Platz im Gefängniß einnehmen, um für sein Beginnen auf sechs Monate Bürge zu seyn.

Richard zog sich nun zurück auf seinen Landsitz von Wigmore, und lebte daselbst in anscheinender Ruhe und ganz ergeben der geliebten Anna Nevill, die an Sommersets Dolchstößen nicht gestorben war; aber seine Verbindungen breiteten sich immer mehr aus, und stillschweigend beförderte er seine Pläne wider den Hof durch seine Freunde, die ihn der Nation als den Mann beschrieben, von welchem einzig sie Rettung hoffen konnte.

Indem sein Ansehn während seiner Zurückgezogenheit stieg, und die natürliche Schwäche des Königs durch Krankheit bis zum Blödsinn herabsank, geschah es, daß Margaretha, welche neun Jahre in kinderloser Ehe gelebt hatte, einen Sohn gebar, (1453. Oct. 13.) der Eduard genannt wurde.

Für die ganze Haltung ihres Lebens, für eine innigere Verbindung zwischen ihr und der englischen Nation hätte sich von diesem Ereigniß viel erwarten lassen. Aber es wurde nicht als ein frohes betrachtet. Die Nationalneigung hatte sich nun einmal auf Richard von York gewandt, welcher nach Erlöschung des kinderlosen Heinrich ein von allen Seiten gegründetes Recht auf den Thron gehabt hätte.

Der kranke Zustand des Königs machte die Zusammenberufung des Parlaments durchaus nothwendig, und doch war von demselben sehr zu fürchten, daß es den Herzog von York an die Spitze der Regierung zu stellen wünsche. Sie glaubte daher zur Sicherung ihrer Macht nichts heilsameres thun zu können, als wenn sie ihn selbst mitberiefe, daß er einem vertrauten Rathe beiwohne, durch welchen den Beschwerden der Nation ernstlich abgeholfen werden sollte.

York erschien auch wirklich zu solchem Zweck am Hofe; aber nicht genug, daß er in jenem

Rath sogleich das Uebergewicht erhielt, wagte er, den Herzog von Sommerset im Gemach der Königin selbst gefangen zu nehmen und ins Gefängniß zu schicken. Darauf erschien er im Parlamente. Dort ward er zum Protector des Reichs auf unbestimmte Zeit erwählt. Er übernahm diesen Titel, diese Gewalt, nur unter der Bedingung, daß das Parlament ausdrücklich erklärte, sie ihm aus freiem Antrieb ohne irgend eine Veranlassung von seiner Seite übertragen zu haben, und durch eine Acte jeden Zweig seiner Macht genau bestimmte.

Richard zeigte solche Mäßigung aus derselben Klugheit, die ihn immer leitete, daß er nämlich der Gewaltthätigkeit durchaus kein Recht über eine Krone gestatten wollte, die so leicht sein Eigenthum werden konnte, und ihm durch Gewaltthätigkeit entrissen war, gewiß auch für ein schlechtes Geschenk des Schicksals gelten konnte, wenn nicht ein heiliges Recht ihren Besitzer beschirmte.

Den Herzog von Sommerset brauchte er

nicht aus ähnlichen Gründen zu schonen, und sein Gemüth wie seine Klugheit riethen ihm, den gänzlichen Untergang desselben nun zu beschleunigen. Aber Anna Nevill hegte noch zu viel Theilnahme am Schicksal ihres ehemaligen Geliebten, als daß sie nicht um seine Rettung hätte flehn sollen, und York liebte sie zu zärtlich, hatte zu viel Hang zu großmüthigen Gesinnungen, als daß Sommersets Rettung, wenn auch nicht Befreiung, nicht von ihm eingeräumt wäre.

Es hieß, daß die Königin selbst Anna Nevill zu dieser Bitte ermuntert und deshalb ihre alten Verbindungen mit ihr wieder angeknüpft hätte. Zugleich verbreitete sich der Glaube, daß Margaretha überhaupt der Liebe und Freundschaft nun ganz leben werde, und allen Plänen des Ehrgeizes entsagt habe. Wirklich schien sie sich nur mit der Sorge um den kranken Gemahl, mit Erziehung ihres Sohns zu beschäftigen: zärtliche Gefühle für den Herzog von Sommerset vermutheten viele in ihrem Innern.

Allein mitten in dieser anscheinenden liebevollen Ruhe brannten ihr beleidigter Stolz und Ehrgeiz nach Rache und Befriedigung. Sie war Freundin mit Lady Nevill, um sie dem Herzog von York zu entführen. Den Erzbischof von Kanterbury spornte sie, daß er dem Grafen von Salisbury ins Gewissen redete, wie frech die Sitte seiner Tochter die Tugend verhöhne; und die Vollmacht erschlich, sie geheim in ein Kloster entführen zu lassen; und dann, nachdem es glücklich geschehn war, gab sie dem Herzog von York Winke, daß dieser Raub von Salisbury veranstaltet sei, um ihn mit diesem mächtigen Freunde zu entzweien. Sie pflegte ihres Gemahls, um den ersehnten Augenblick herbeizuführen, da einige Wiederherstellung seiner Gesundheit zum Vorwande dienen konnte, den Protector von seiner Macht zu entkleiden.

Sorgfältig hatte man diesem das kärgliche Wiederaufblühen Heinrichs verborgen, als er zu einem außerordentlichen Staatsrath gerufen wurde, welchem vorzustehn der König noch Kraft fühle, um die wichtigste Anordnung für das

Reich zu begründen. Ueberrascht vom Anblick des genesenen Königs hörte der Herzog seine Erklärung gegen den Staatsrath, daß die Macht des Protectors, die seiner Krankheit wegen verliehn sei, jetzt mit derselben ihr Ende erreicht habe. Auf diesen Schlag war er nicht vorbereitet, und mußte sich ihn stillschweigend gefallen lassen; und befreit trat Sommerset zurück in seine alte Gewalt. Vielleicht hätte York, mißmüthig wegen des Verlustes seiner Geliebten, und ob demselben mißtrauisch gegen das Haus Nevill, in welchem er seine mächtigste Stütze hatte, den Absichten der Königin, die ihn mit ihrem Liebling versöhnen wollte, redlich nachgegeben, auch um die Ruhe des Vaterlandes nicht ferner zu zerreißen; allein die alte Leidenschaft in Sommersets Herzen stiftete wiederum Zwietracht.

Kaum hatte er von der Königin vernommen, in welchem Kloster Anna verborgen war; so faßte er den Entschluß, sie zu befreien. Unter dem Vorwande, die schottische Gränze zu besuchen, zog er einher auf dem Wege zu dem Kloster

Saxhead in Northumberland. Mit wenigen Getreuen kam er zur Pforte. Die strengen Befehle des Erzbischofs von Kanterbury, daß Anna von niemand besucht werden solle, entkräftete er durch eine Urkunde, die er sich selbst ausfertigte und untersiegelte als Staatsminister, aber jetzt als ein Dritter darreichte. Erstaunt, gerührt von der alten, noch immer mächtigen Leidenschaft des ehmals so geliebten Mannes, der Gefangenschaft überdrüssig, lieh Anna allen seinen Anträgen Gehör, und begab sich mit ihm auf einen Landsitz in der Nähe von Saint Albans.

Alles Geschick, was über ihre Liebe zusammenstürzte, hatte sie nicht Vorsicht im Genuß derselben gelehrt, und Sommerset glühte, wie in dem ersten Jahr ihrer Leidenschaft. Er machte so häufige Reisen zu dem Aufenthalt der geliebten Anna, daß sich bald Gerüchte verbreiteten, welche den Herzog von York auf die richtige Spur brachten. Von dem Augenblick an hatten er und Sommerset nicht beide mehr Raum in England.

Der besonnene York, der jede Gewalt scheute, war jetzt in solche Wut gerathen, daß er auf dem Zuge nach Wales, wohin er auf einige Zeit in die Einsamkeit zurückkehren wollte, dreißig vertraute Gefährten beredete, Sommersets Schloß zu überfallen. Allein sie fanden die wachsamste Gegenwehr, und der Herzog entkam kaum der Gefangenschaft durch sein schnelles Roß, nachdem er ein Paar seiner braven Freunde eingebüßt hatte.

Jetzt schien sich das Glück von ihm zu wenden, und Anna's Verlust schmerzte ihn tief; aber eben jetzt ward von ihrem Hause der Zeitpunkt herbeigeführt, der Yorks Rache ganz zu sättigen versprach und seinen Stolz zu befriedigen.

Der biedre alte Graf von Salisbury, ergrimmt wider Sommerset, welcher die unregelmäßigen Sitten Anna's zuerst entflammt hatte, und durch seine Leidenschaft ihr Geschlecht und Vaterland nun von neuem schmähte und zerrüttete, bot jetzt dem Herzog von York seine ganze Macht dar, um England von der gegenwärtigen

Regierung zu befreien. Mit ihm kam sein Sohn, der Graf von Warwick, welcher wegen seiner kühnen Tapferkeit, ächtritterlichen Sitten und glänzenden Lebensart allgemein bewundert und gepriesen wurde.

Es bedurfte nur eines Winkes von drei solchen Häuptern, und plötzlich stand ein Heer im Felde; aber auf der andern Seite waren die Königin und Sommerset feurig und wachsam genug, um sogleich ein Heer entgegenstellen zu können. In der losen bürgerlichen Ordnung, wo beinah jeder Hausvater noch Anführer eines kriegerischen Trupps war, wurden Heere so leicht versammelt, als wieder aufgelöset.

York wandte sich nach St. Albans, in die Nähe des Aufenthalts der geliebten und untreuen Anna, und bei dieser Stadt trafen schnell auf ihn die königlichen Streiter. Die Häuser York und Lankaster lagen zum ersten ernsten Kampf gegen einander im Felde, und der blutige Krieg zwischen der weissen und rothen Rose ward eröffnet. York trug jene, Lankaster diese als Zeichen in dem mehr als bürgerlichen Kriege.

Noch einmal mußte sich Herzog Richard auf Andringen des Grafen von Salisbury erbieten, seine Streiter auseinander gehn zu lassen, wenn der verhaßte Staatsminister dem Gericht des Parlaments überantwortet würde; allein der Hof wollte auf diesen Antrag, den er für bloßen Schein zur Erwerbung der Volksgunst hielt, nicht mehr hören, und Frieden durch schnelle Entscheidung des Schwertes gewinnen.

Hätte auf der andern Seite York noch mit der Schlacht zaudern wollen, so zwang ihn zu ihr der Graf von Warwick, der seinen Vortrab anführte und bei der weigernden Antwort des Hofes sogleich auf dessen Heer stürzte. Seine unwiderstehliche Wut, die dann von York mit einem allgemeinen Angriff unterstützt wurde, brachte es sogleich in Unordnung, und das Schrecken stürmte so betäubend vor ihm her, daß alle Anstrengung und Besonnenheit Sommersets die Verwirrung nicht hemmen konnte. Bedeckt mit Wunden sank er und starb, die Waffen in der Hand: mit ihm lagen mehrere erschlagne Führer des Hauses Lankaster auf dem Schlachtfelde. Der König selbst war so befeuert, daß er die fliehenden Krieger in den Kampf zurückzudrängen strebte, wobei er eine Pfeilwunde am Halse erhielt. Hinweggerissen vom Strom der Fliehenden zog er sich in das Schloß des Herzogs von Sommerset. Nur eine Stunde hatte die Schlacht gedauert, und York und Warwick hatten achttausend Feinde erschlagen. 1455. Mai 22.

Sogleich erstürmten sie auch das Schloß, in welches der König geflohn war. Der Herzog ließ sich vor ihn bringen, beugte sein Knie und sprach: „Herr, der Feind des Staats ist nicht mehr. Ihr seht nur treue, euch gehorsame Unterthanen vor euch.“ Dann wurde auf seinen Befehl Sommersets Leiche hergebracht, und er stieß sie verächtlich mit dem Fuße.

Dagegen behandelte er fortwährend den König mit ausgezeichneter Ehrfurcht, und blieb von dem Gedanken entfernt, sich nun selbst die Krone aufzusetzen, immer getreu seiner Ansicht, daß sie, durch Gewaltthätigkeit erbeutet, ein unsichres Gut sei, an welchem das wandelbare Glück und Volk sich immer von neuem vergreifen würden. Aber er führte den König nach London, um dort durch ihn ein Parlament zusammenzurufen. Von diesem wurde dem Herzog und seinen Freunden, den Grafen von Salisbury und Warwick und ihrem ganzen Gefolge im Namen der Nation gedankt, daß sie den König befreiet und die schlechte Regierung des Herzogs von Sommerset beendet hätten. Auch wurde an York wieder die Gewalt eines Protectors übertragen, doch nur bis zu dem Zeitpunkte, da Eduard volljährig seyn würde, den sie mit allen gewohnten Titeln und Ehren des englischen Kronprinzen schmückten.

Aus dieser Denkart Yorks und des Parlaments, welche die vorige Staatsverwaltung niederwarf, ohne den Thron selbst und seine Rechte anzugreifen, mußte Margaretha ihre einzige Hoffnung auf Wiedereroberung ihrer Macht schöpfen. Mit den ungeheuersten Schmerzen betrauerte sie zu Greenwich, wo sie fast einsam zurückgeblieben war, die grausame Niederlage ihres Heeres, den Tod ihres zweiten Lieblings. Zu ihr kam Anna Nevill, unter dem Getümmel in Sommersets Schloß rasch entflohn, um den Vorwürfen Yorks zu entgehn, welcher ihr überdies durch seine Mißhandlung der geliebten Leiche verhaßt geworden war. Daran erkannte man ihre Herkunft und die Schwester des hochherzigen Warwick, daß sie ihr Herz von der Roheit wegwandte, wie leichtsinnig es sonst seyn mogte. Anna's Thränen flossen mit denen der Königin, und waren von Flatterhaftigkeit so schnell getrocknet, als diese der Klage vergaß, weil es ihr einleuchtete, daß sie von Yorks Schonung gegen den König und ihre Person schnellen Gebrauch machen müsse, ihre Macht wieder herzustellen.

Mit äußerster Sorgfalt pflegte sie wieder die Gesundheit ihres Gemahls, und nachdem sein Ansehn etwas frischer geworden, beredete sie ihn, plötzlich wieder im Parlament zu erscheinen und dort zu erklären, daß er wieder im Stande sei, selbst zu regieren. Kurz vor seinem Auftritt verbreitete sich das Gerücht, er werde den Herzog von York daselbst gefangen nehmen, wie seine mächtigsten Anhänger. Dazu wäre die Nähe des Parlaments mit bewaffneten Leuten angefüllt, und die Königin hätte auf den Fall eines Widerstandes in der Gegend von London Truppen zusammengezogen. Von ihr kamen diese Gerüchte, und sie bewirkte dadurch, daß der Herzog von York und sein Anhang die Erklärung des Königs stillschweigend vernahmen, daß er und die Grafen von Salisbury und Warwick glaubten, durch eine schnelle Flucht aus London Freiheit und Leben retten zu müssen. Herzlich darob erfreut, faßte Margaretha wirklich den Anschlag, sich ihrer zu bemächtigen. Sie begab sich mit dem König nach Coventry, wo sie freier schalten konnte, als zu London. Von dort aus mußte der König eigenhändig an den Herzog von York und seine vornehmsten Freunde schreiben und ihnen sowol Erstaunen über ihr plötzliches Verschwinden bezeugen, als das Vergnügen, womit er sie bei sich sehn würde, um endlich mit ihrer Beihülfe der Regierung eine heilsame und feste Weise zu geben. Sowol York, als Salisbury und Warwik folgten der Einladung. Wie sie aber unterweges erfuhren, daß Abtheilungen von Truppen nach Coventry zögen, gingen sie eiligst zurück.

Dennoch zeigte sich eben jetzt der Nation einige Hoffnung, daß die Eintracht zwischen ihren Häuptern wieder hergestellt werden könne. Einen Einfall der Schotten in England benutzte York auf den Rath des Grafen von Salisbury, um eine Kriegsmacht zusammenzuziehn; und so leicht es ihm ward, den Feind zurückzuschrecken, so dankbar bewiesen sich dafür der König und die Nation. Jener schrieb, ohne Wissen der Königin, dem Herzog mit Innigkeit und bat ihn, mit Vertrauen an seinen Hof zu kommen, und ihm mit Rath beizustehn.

Dies bewirkte, daß York, Salisbury und Warwick sich mit großem Gefolge nach London begaben, wohin auch die Häupter der Parthei von Lankaster kamen. In Lagern standen sie umher, York und Salisbury ihrer Sicherheit wegen dicht neben einander, und der Mayor von London hielt Nacht und Tag strenge Wache mit fünftausend Mann. York und seine Freunde wohnten immer dem königlichen Rathe bei, und öffentlich feierte man das Glück der Eintracht, welches über beide Partheien gekommen sei. Ein feierlicher Aufzug nach der Paulskirche verkündete es dem frohen Volke. Herzog Richard führte die Königin Margaretha; Hand in Hand gingen ein Führer von Lankaster und York in langer Reihe zusammen.

Am entferntesten von herzlicher Theilnahme an diesem Schauspiel war unter allen Margaretha, die sich nach Greenwich in Einsamkeit zurückgezogen hatte. Sie spähte immer wachsam nach einer Gelegenheit umher, ihre Feinde die ganze Bitterkeit ihrer Seele fühlen zu lassen. Durch den jungen Herzog von Sommerset, welchen sie statt seines erschlagenen Vaters zum Staatsminister angenommen hatte, unterrichtete sie sich von allem, was im königlichen Rathe vorging. Sie lernte vor allen den Grafen von Warwick fürchten, welchem sie auch die Niederlage ihres Heers bei St. Albans nicht vergessen konnte. Auf ihr Anstiften mußten Leute des königlichen Hauses Händel mit dem Gefolge des Grafen anfangen, der nach Yorks und Salisbury's Abzug noch einige Tage in London zubringen wollte. Der Streit wurde so lebhaft, daß die Königin die königliche Garde gegen ihn sandte. Er warf sich in ein Boot, um nicht getödtet oder gefangen zu werden, und entkam voll Wut und nicht zweifelnd, daß Margaretha einen Anschlag zu seinem Verderben habe ausführen wollen.

Zuerst erschien der alte Salisbury im Felde, die Schmach seines Sohns zu rächen, und schlug den noch einmal so starken Feldherrn, welchen ihm der Hof entgegengeschickt hatte, worauf er sich mit dem Herzog von York, der sich in Wales rüstete, in Verbindung setzte. Auch kam der Graf von Warwick, der als Kommandant von

Kalais über regelmäßiges, versuchtes Kriegsvolk den Befehl hatte, mit demselben nach England, und schien dadurch unwiderstehlich, indem der Hof nur gewöhnliche Lehnmiliz entgegenstellen konnte.

Die rastlose Königin hatte inzwischen ein zahlreiches Heer zusammengezogen und ließ es unter dem jungen Herzog von Sommerset nahe an den Feind in die Gegend von Glocester rükken. Es gelang ihr, im feindlichen Lager ein Manifest des Königs zu verbreiten, worin allen Rebellen Verzeihung versprochen wurde, wenn sie schnell die Fahnen verließen. Sogleich zogen große Schaaren davon, und der Obrist der versuchten Banden aus Kalais ging in der Nacht zum königlichen Heer über, als er diese Wirkung des Manifestes bemerkte. Verlassen entfloh der Herzog von York nach Irland, und die Grafen von Salisbury und Warwick eilten mit mehrern Führern nach Kalais.

Im Triumph zog die Königin nach London und rief ein Parlament zusammen, durch welches sie den Herzog von York und seine vornehmsten Freunde für Hochverräther erklärte. Aber so furchtbar jetzt ihr Uebergewicht war, drängte Sommerset vergeblich den Grafen von Warwick, ihm Kalais zu überliefern. Vielmehr wurde dieser Ort der Punkt, wo die Anhänger des Hauses York wieder furchtbare Kräfte sammelten. Immer deutlicher sah Margaretha, daß sie auf keine ruhige Herrschaft hoffen dürfte, wenn sie die Personen ihrer vornehmsten Gegner nicht in ihre Gewalt brächte

Durch Anna Nevill sollte ihr dies wenigstens in Hinsicht auf den Herzog von York selbst gelingen. Als die Heere bei Glocester gegeneinander standen, drang sie in die Lady, daß sie ihren alten Geliebten zu einer Zusammenkunft in einem nahen Dorfe einladen mögte. Rings waren schon Reuter ausgestellt, die ihn auffangen sollten. Anna schauderte vor solchem Verrath durch das Mittel der Liebe und schrieb aus dem Dorfe dem Herzog, daß er sein Lager nicht verlassen mögte, denn seiner Freiheit, seinem Leben würde nachgestellt. York sandte zwei vertraute Krieger an sie, um weitere Aufklärung zu erhalten. Anna beredete dieselben, ihr behülflich zu seyn, daß sie den nächsten Hafen erreichte. Es gelang in der allgemeinen Verwirrung jener Nacht, da der Obrist der Truppen von Kalais zum königlichen Heer überging. Sie begab sich auf das erste Schiff, welches sie unter Segel fand. Kaum war sie aufgenommen, als ein lautes Getöse am Gestade entstand. Viele Männer bestiegen das Schiff: sie erkannte die Stimme ihres Vaters und Bruders. Als der Morgen anbrach, konnte sie sich ihnen nicht verbergen. Zitternd und mit Thränen warf sie sich zu den Füßen ihres Vaters und flehte ihn, ihr irgendwo einen Zufluchtsort zu verschaffen, da sie in England nicht bleiben dürfte, weil sie die Königin erzürnt habe, indem sie den Herzog von York gerettet hätte. Dieser Zug von seiner Tochter rührte sein Herz und er behandelte sie gütig. Beinah erzwang sie seine Achtung, als alle seine weiteren Nachforschungen über Plane und Handlungen der Königin und ihrer Minister von ihr unbeantwortet blieben. Anna mißbrauchte kein Vertrauen, das ihr einmal geschenkt war, wenn auch die Verhältnisse, unter denen es gegeben wurde, selbst zum Gegentheil verändert waren. Sie hatte York gerettet, aber durch nichts war sie zu bewegen, das Nähere vom Anschlag der Königin zu verrathen. Sie bat nur, daß der Herzog in Irland bleiben und sein Leben nicht den Nachstellungen in England preisgeben mögte.

Auch blieb er entfernt, als seine Anhänger von neuem in den Waffen wider den Hof erschienen. Die Grafen von Salisbury und Warwick hatten kaum die Provinz Kent betreten: so schwoll ihre geringe Zahl zu einem furchtbaren Heer an. Allenthalben jauchzte ihnen das Volk, und mit ununterbrochener Eile zogen sie auf London, welches sie freudig empfing. Darin lag für die Partheien wider die Regierung ein besondres Gewicht, daß der dritte Stand oder vielmehr die Einwohner der Hauptstadt so mächtig zur Freiheit aufstrebten. Sie waren natürliche Feinde eines jeden Königs, weil sie immer neue Rechte und Freiheiten an sich reissen wollten und mußten. Daß sie mit wenigen und überaus mächtigen Großen wider den Thron standen, wurde vorzüglich Veranlassung zum Wiederbeleben der angelsächsischen Nationalfreiheit und der nachherigen, jetzt noch bestehenden englischen.

Schlau leistete der Befehlshaber des Tower Widerstand, um der Königin Zeit zu geben, ein Heer zusammenzuziehn. Sie stellte ihre beiden Staatsminister die Herzöge von Sommerset und Buckingham an die Spitze desselben und zog mit ihnen in die Nähe von Northampton, wo sie eilte über einen Fluß zu gehn, der im Rücken ihres Lagers alle Möglichkeit der Flucht verwehren sollte. Mit stürmischer Eile lagerte sich nahe ihr gegenüber der Graf von Warwick. Seinen Vater hatte er in London wider den Befehlshaber vom Tower zurückgelassen.

Die Königin, des Heeres Seele, war in kleiner Entfernung von der Schlacht und sandte ihre Befehle nach allen Seiten: ihr Gemahl blieb in seinem Zelt im Lager. Warwick ließ seinen Kriegern kund thun, daß sich niemand an dem König vergreiffen solle, daß man den gemeinen Krieger schonen, die Führer niederhauen werde.

Er handelte in der Schlacht mit seinem gewöhnlichen rasenden Ungestüm. Zwei Stunden schlugen sich beide Heere voll Wut und das Schlachtfeld war mit Todten bedeckt, ohne daß etwas entschieden war. Da stellte Lord Gray, der einen beträchtlichen königlichen Heerhaufen anführte, sich plötzlich mit demselben auf die Seite des Feindes. Von dem Augenblick an sank der Muth der Krieger des Hofes, trotz allen Anstrengungen der Führer Sommerset und Buckingham. Sie flohen und stürzten sich in der Betäubung zum Theil in den Strom, wo ihr Untergang gewiß war. Zehntausend sollen von ihnen an diesem Tage umgekommen seyn, und unter den Erschlagnen war eine große Menge vom Adel, auch der Herzog von Buckingham. 1460. Jul. 19.

Ruhig war Heinrich in seinem Zelte geblieben, als kümmre ihn das Schicksal dieses Tages nicht, und wirklich konnte es ihm einerlei seyn, ob er das Werkzeug dieser oder jener Hand war. Warwick nahm ihn gefangen und brachte ihn erst nach Northampton, dann nach London. Hier rief Salisbury in des Königs Namen ein Parlament zusammen, und drang in den Herzog von York, daß er schnell zu demselben aus Irland herbeieilen mögte.

Richard erschien in der Nationalversammlung, aller Wahrscheinlichkeit nach mit der festen Hoffnung, daß ihn nun der Wille der Nation auf den Thron rufen werde. Indem er auf denselben zuging, fragte ihn der Erzbischof von Kanterbury, ob er seine Ehrfurcht schon dem König bezeigt habe? und er antwortete, daß er jetzt keinen kenne, dem dieser Titel gehöre. Doch wagte er nicht den Thron zu besteigen, sondern stand nahe an ihm, indem er zu den Pairs redete, daß sie von dem grausamen und mit Unglück geschlagnen Hause Lankaster sich wegwenden und zur Gerechtigkeit gegen die natürliche

Erbfolge zurückkehren sollten. Die Antwort war ein allgemeines Stillschweigen, und Richard verließ den Saal mit der empfindlichsten Bestürzung.

Die Pairs riefen mehrere ausgezeichnete Glieder des Hauses der Gemeinen in ihre Versammlung; und einige Tage nacheinander berathschlagte man mit unpartheischer Ruhe über die Rechte der Linien Lankaster und York auf die Krone. Endlich erfolgte eine Akte des ganzen gesetzgebenden Körpers, in welcher Richards Ansprüche auf den Thron als wohlgegründet anerkannt wurden und festgesetzt war, daß er während dem Leben Heinrichs, der die Königswürde behielte, nur die Regierung, und nach dessen Tode auch die Krone haben sollte.

Zu dieser Zeit, da Margaretha und ihr Sohn vom englischen Thron ausgeschlossen wurden, irrten sie wie geächtet umher. Aus der Niederlage von Northampton hatte sie sich mit Sommerset gerettet; aber sogleich ihres Geistes mächtig, hatte sie ihren Gefährten nach Frankreich gesandt, um dort Hülfe zu suchen, indem sie selbst die Straße nach Durham einschlug. Sie durchsah schnell die Gesinnung der Bürgerschaft dieses Ortes, und fürchtete sie über alles, da York in des Königs Namen den Befehl bekannt machte, daß sie sich schnell in London stellen sollte. Heimlich verließ sie Durham und veranlaßte das Gerücht, daß sie nach Frankreich übergegangen wäre. Aber in ihrem Elend, von ein paar Bedienten nur begleitet, gezwungen fast durchgängig nur im Dunkel der Nacht zu reisen, lebte sie in dem kühnen Gedanken, sich ein Heer zu schaffen und den Siegern ihr Glück zu entreißen. Sie war eingedenk, daß die großen Barone im Norden an den letzten Streichen wider sie und Lankaster keinen Theil genommen hatten; daß sie bei ihrem Stolz auf überwiegende Tapferkeit es nicht gut empfinden konnten, wenn die südlichen so mit dem Schicksal des königlichen Hauses und dem Thron schalten wollten; daß einige von ihnen besondre Ursache hätten, gegen die Parthei von York ergrimmt zu seyn. Von

Muth flammend betrat sie nach vielen Mühseligkeiten das Land von Lord Klifford, der allein in seinem Lehnsgefolge ein kleines Heer stellen konnte.

Margaretha würde ruhig in England regiert haben, wenn sie von ihrer natürlichen Anmuth, ihrem reichen Geist, ihrer Kraft, Menschen zu behandeln, mehr Gebrauch zur Befestigung ihrer Herrschaft gemacht hätte. Einigemale, auf Reisen mit ihrem Gemahl durch die Provinzen, hatte sie die sanften Mittel, welche sie in ihrer reichen Natur fand, angewendet, und alle Herzen hatten ihr gehört. Aber sie wollte den Genuß der Herrschaft nicht lange entbehren, sie andre empfinden lassen: sie wollte nicht verführen, sondern gebieten. Jezt nur, im äusersten Unglück und von Mutterliebe beseelt, mußten alle ihre bezaubernden Gaben thätig werden, und die rauhen Barone des Nordens huldigten ihrer Anmuth.

Als sie nun ihre Fahne aufpflanzte und statt aller gegenwärtigen Belohnung den Kriegern, die mit ihr zögen, die Plünderung der Güter des Herzogs von York und seiner Anhänger versprach: war in kurzer Zeit ein mächtiges Heer um sie versammelt, ehe es in London bekannt war, daß sie, welche man wirklich nach Frankreich geflohn wähnte, im nördlichen England hause und furchtbare Rache bereite.

Sobald deshalb einige Kunde erscholl, zog York mit der heftigsten Wut ein Heer zusammen. Anna Nevill hatte wieder mit ihm in Verein gelebt, seitdem man Margaretha gänzlich gestürzt glaubte, und ihre Liebe, welche immer die Heimath verändern mußte und von der gesellschaftlichen Ordnung verworfen war, that jetzt schon der Hoheit ihrer übrigen Gesinnung so weit Abbruch, daß sie die Geheimnisse ehemaliger Vertrauten nicht mehr, wie sonst ehrte. Sie eröffnete dem Herzog von York, daß sein Tod zwischen der Königin und dem jungen Herzog von Sommerset beschlossen sei, daß jene ihn habe aufheben und dann auf dem Grabe des bei St. Albans gefallenen Sommerset würgen lassen wollen.

len. Dazu kam die Nachricht, daß Margaretha's Heer beim Heranzuge die greulichsten Plünderungen auf den Gütern der Anhänger Yorks verübte. Deshalb konnte er sich nicht halten und eilte dem Feinde entgegen, wiewol Warwick, sein immer siegreicher Held, in Kalais entfernt war.

Zu Wakefield fand er das Heer der Königin gelagert, überrascht von der Größe desselben, indem er selbst nicht mehr als fünftausend Mann mit sich führte. Er mußte dem Rath des Grafen von Salisbury folgen, sich in sein nahes festes Schloß Sandal werfen, um dort Verstärkungen aus Wales zu erwarten. Tief beschämt vernahm er die schriftlichen Schmähungen der Königin, daß er den Muth gehabt hätte, nach einer Krone zu greifen, und nun feig genug wäre, sich von einem Weibe einschließen zu lassen. Er schimpfte dagegen, daß sie die Buhlerin der beiden Herzöge von Sommerset und eine schandvolle Ehebrecherin sei. Die Erbitterung stieg immer höher und der Herzog ward nur mit großer

Mühe vom alten Salisbury im Schloß zurückgehalten. Als er aber endlich wahrzunehmen glaubte, daß sich die Truppen der Königin zerstreut hätten und ihre Person nur ein kleines Heer mehr umgebe, brach er mit Gewalt hervor und bot die Schlacht an. 1460. Dec. 24. Bald wurde er gewahr, daß alle feindliche Krieger, die er zerstreut glaubte, ihm hinter Hügeln im Rükken und auf allen Seiten lagen; aber der Rückzug war auch nicht ohne Gefahr und dünkte ihn ehrlos.

Mit eherner Tapferkeit und Ordnung hielt er sich eine Zeitlang: er ward erschlagen und mit ihm sein ganzes kleines Heer. Sein zweiter Sohn, der junge Graf von Rutland, blühend in den schönsten Hoffnungen, rettete sich noch vom Schlachtfelde, und war dem Schlosse Sandal nahe, als ihn der verfolgende Lord Klifford erreichte. Dieser ließ ihn halten durch seine Leute und stieß ihm den Dolch in die Brust. Eben derselbe wühlte Yorks Leichnam unter einem Haufen von Todten auf dem Schlachtfelde hervor, ließ den Kopf abhauen, steckte ihn mit einer papiernen Krone auf eine Lanze und bot ihn so der Königin dar. Sie wandte sich weg von dem gräßlichen Anblick; aber die erste weibliche und menschliche Regung war schnell besiegt, und sie befahl, ihn auf den Thoren von York zur Schmach aufzustellen. Der alte, gefangene, schwer verwundete Graf von Salisbury stand dabei, als die Königin vor dem blutigen Haupte schauderte. Er ward weggeschleppt und mußte auf Befehl der Königin das Hochgericht besteigen. Seine Thränen flossen, daß er so sterben mußte. Neben Yorks Haupte ließ Margaretha seinen Kopf aufstellen. Nichts fehlte ihr jetzt, als daß auch des Grafen von Warwick Haupt dort verhöhnt würde, und sie ließ dafür einen Platz neben dem väterlichen bereiten.

Margaretha hoffte, ihre Rache bald vollständig zu machen, da sich der Graf von Warwick zu London aufhielt, wo sie ihn mit der Nachricht von der blutigen Niederlage des Hauses York fast zu gleicher Zeit überraschen mogte. Mit der größern Hälfte ihres Heeres zog sie daher gegen die Hauptstadt, indem die kleinere Hälfte gen Wales beordert wurde, wo Graf Eduard, der älteste Sohn des gefallenen Herzogs von York ein Heer zusammengezogen hatte, um seinem Vater zu Hülfe zu kommen. Jetzt mußte die Königin fürchten, daß sich Warwick zu ihm begebe, und dann hatte sie von neuem einen furchtbaren Feind in einer Feldschlacht zu bekämpfen. Alle Wege nach Wales ließ sie durch kleine Truppenabtheilungen bewachen.

Auf dem Zuge hatte sie das Vergnügen, daß ihr treuer Sommerset, doch ohne Hülfe aus Frankreich mitzubringen, wieder zu ihr kam. Sein feiner Geist voll hinterlistiger Anschläge, der ihrer Lage unentbehrlich war, eröffnete ihr sogleich eine Aussicht zu den vortheilhaftesten Ränken. Mit ihm auf einem Schiffe, doch ohne ihn zu kennen, war die schöne Elisabeth Woodwille, eine junge Wittwe, Tochter des Ritters Richard Woodwille, aus Frankreich übergekommen. Seiner Schlauheit war es nicht entgangen, daß Elisabeth, die in Familienangelegenheiten reisend einigemale durch Kalais gekommen war, eine Leidenschaft in dem Grafen von Warwick entzündet hatte. Sie konnte gebraucht werden, um den Helden ins Verderben zu locken. Weil die schöne Wittwe in St. Albans übernachtete, befahl die Känigin, diese Stadt sogleich einzuschließen, um den Grafen von Warwick zu verführen, daß er durch eine verwegene Handlung bei seinem abentheuerlichen Rittergeiste die Befreiung der Geliebten versuchte; auf jeden Fall sich aber der Person derselben zu bemächtigen. Der Gedanke an das noch frische Unglück seines Vaters und seiner Freunde hatte aber des Helden Verwegenheit gekühlt, und das Heer der Königin, welches die Stadt nur einschließen sollte, unternahm einen Sturm, um die Plünderungen fortzusetzen, an welche es gewöhnt war. Kaum vermogte Margaretha, das meuterische Volk durch ihre Geistesgegenwart zum Gehorsam zurückzuzwängen. Doch hatte sie das Vergnügen, daß Elisabeth Woodwille, von dem Sturm erschreckt, in ihrem Lager Schutz suchte.

Inzwischen hatte die Gefahr der Geliebten den Ungestüm des Grafen zu Erfindung neuer Hülfsquellen getrieben. Bei dem ganzen bisherigen Gange des bürgerlichen Krieges in England und bei dem Verhältniß zwischen der Lehnsmiliz und den Bürgern der Städte, hatte kein Baron den Gedanken gefaßt, auch diese zum Krieg im Felde hinauszuführen. Auch würden sie sich schwerlich dazu hergegeben haben. Allein Warwick, in dem gegenwärtigen Drange und bei der Huldigung, die London immer seinen großen Eigenschaften gezollt hatte, gerieth auf den Gedanken, sich vorzüglich aus Bürgern dieser Stadt ein Heer zusammenzusetzen. Es gelang und er eilte nach St. Albans, um die Königin zu überfallen. Allein Margaretha's Wachsamkeit war nie zu täuschen. Benachrichtigt von seinem Eilmarsch blieb sie ruhig in ihrem Lager, als erwartete sie keinen Feind; den Herzog von Sommerset hatte sie dagegen mit beträchtlicher Macht abgeordnet, womit er sich in die Büsche legen und den unvorsichtigen Warwick umzingeln sollte.

Inzwischen mußte auch er gewarnt seyn; denn er fiel unvermuthet zuerst über die versteckten Krieger her und bewirkte bei ihnen eine Bestürzung und Verwirrung, wodurch ihr Verderben gewiß gewesen, wenn nun nicht die besonnene Königin mit tapfrer Eile aus dem Lager auf den Feind geschlagen hätte. Warwick rettete sich durch die Flucht, und hinterließ dreitausend Todte auf dem Schlachtfeld. Ein besondrer Gewinn des Sieges war, daß die Königin ihren Gemahl wieder eroberte und Anna Nevill, beide in einer Kutsche. Der Graf hatte jenen nicht aus seiner Gewalt lassen wollen, als er von London heranflog, und ihm seine Schwester zur Gesellschaft gegeben, deren Anmuth ihm die traurige Lage versüßen sollte. Er war unter Obhut des Lord Bonville, der nach Warwicks Flucht ihn um Gnade flehte und Verzeihung erhielt. Gleichwol ließ Margaretha denselben durch den Nachrichter enthaupten, wie den berühmteu Krieger Thomas Kiriel. Auf beiden Seiten wurde es Grundsatz, daß man alle unter dem Feinde, die durch ihre

Eigenschaften und ihre Macht Gefahr brächten, ohne Rücksicht auf sonstiges Kriegsrecht, mit Grausamkeit vertilgen müsse. Anna Nevill ward zu weitern Absichten von der Königin aufbewahrt, die auch wol den Mord nicht wollte, wenn die Politik ihn nicht zu befehlen schien.

Der junge Eduard von York hatte inzwischen den gegen ihn geschickten Feldherrn mit gleichem Glück geschlagen und den gefangenen Vater desselben nach jenem barbarischen Grundsatz enthaupten lassen. Sein Sieg hatte besonders die Folge, daß Graf Warwick, auf welchem allein nun das Haus York sich stützte, nicht mehr von ihm entfernt wurde.

Dieser Held, der immer für die äußersten Maaßregeln war, rieth dem Jüngling nicht zu zaudern, wie sein Vater, sondern sogleich die Krone zu ergreifen. Wenig bekümmert um das Recht glaubt die Masse des Volkes, der müsse sie besitzen, welcher sie mit der meisten Zuversicht sein nennt und trägt. Er riß ihn mit sich nach London, ehe sie um die Königin Sorge trugen, und dort wurden sie mit Jubel empfangen. Sogleich beschieden sie das Heer und die Bürger nach dem Johnsplatze. Jenes stand in Schlachtordnung und auf der einen, diese zusammen auf der andern Seite. Warwick ritt auf in der Mitte und rief: ob sie Heinrich von Lankaster zum König wollten? Ein wiederholtes Nein erscholl ringsum. Er rief dann, ob sie den jungen Herzog von York als ihren rechtmäßigen König Eduard den Vierten anerkennen wollten? Laut wogte das Freudengeschrei. Der so gewählte König erschien, und die außerordentliche Schönheit seiner Gestalt machte solchen Eindruck, daß man gern glaubte, was der Ruf von seiner Tapferkeit und seinen wahrhaft königlichen Eigenschaften sagte. Am folgenden Tage war förmliche Krönung.

In der ersten Wut über diese Kunde aus London gab die Königin, um sich an dem Grafen von Warwick zu rächen, den Befehl zur Hinrichtung seiner Schwester und seiner Geliebten; doch wandelte sie noch früh genug die Reue an, wiewol sie von beiden verrathen war, denn es litt keinen Zweifel, daß Elisabeth Woodwille vor der letzten Schlacht bei St. Albans den Grafen von Warwick von Sommersets Hinterhalt benachrichtigt hatte. Um zu prüfen, wie weit sie des Helden Leidenschaft theilte, hatte die Königin sie mit der ganzen Gefahr, worin er schwebte, bekannt gemacht. Vielleicht hatte dieser Augenblick erst Elisabeths Liebe leidenschaftlich geweckt und sogleich für den Geliebten in Thätigkeit gesetzt. Ihre Reise nach England, ihren Aufenthaltsort hatte sie ihm wenigstens bisher verborgen, und so scheint noch wenig Erklärung der Leidenschaft zwischen ihnen gewesen zu seyn.

Ehe noch Anna Nevill und Elisabeth Woodwille von den neuesten Ereignissen in London unterrichtet waren, ließ die Königin sie beide vor sich rufen und fragte sie, welche von ihnen bereit sei, dem Grafen von Warwick den größten Dienst zu erweisen? sie wäre entschlossen, ihn nun durchaus als einen Aufrührer zu behandeln und einen Preis auf seinen Kopf zu setzen; doch wolle sie auch noch den Weg der Großmuth versuchen, weil sie tief fühle, welche Stütze für den Thron die großen Eigenschaften des Grafen seyn müßten, und darum wünsche, daß er das Haus York verlasse, um neben ihr den Staat zu regieren. Diejenige von ihnen beiden, die sich am meisten Gewalt über ihn zutraue, möge eine Zusammenkunft mit ihm haben und ihren Willen offenbaren.

Margaretha selbst fühlte, daß Anna nach allen den Verwickelungen, die ihre Unschuld verderbt hatten, nicht so, wie die schuldlose Elisabeth, daß die Schwester nicht so auf des Helden Entschlüsse wirken werde, als die Geliebte; aber schamhaft weigerte sich diese, ohne die Schwester den Grafen allein zu sehn, und die Königin, welche gern die eine als Bürgschaft für die andre behalten hätte, mußte einwilligen, daß beide zu der Unterredung gehn sollten. Anna lud ihn schriftlich dazu ein und bestimmte zum Orte der Zusammenkunft ein Landgut ihrer Familie nahe bei London. Funfzig Mann Geleite gebe ihnen die Königin; er mögte nicht mehr mit sich bringen.

Als er kam mit seinem Gefolge, waren die Damen schon angelangt. Er verwarf sogleich die Vorschläge der Königin, als unvereinbar mit seinem Ruhm uud seiner Ehre, und schlug den Frauen vor, daß sie mit ihm nach London gehn sollten; die beiden Gefolge wären gleich stark und seine Stärke würde dem seinigen das Uebergewicht geben. Aber ihn hörten der barbarische Lord Klifford und seine Gefährten, die als Weiber verkleidet, wie zum Frauengefolge der beiden Damen gehörig, in das Schloß gekommen waren. Von der Königin befehligt, den Grafen, sobald er sich ihrem Antrage weigerte, niederzustoßen, stürzten sie mit Dolchen bewaffnet jetzt in den Saal der Unterredung. Ganz bepanzert, erlag er nicht den ersten Streichen und konnte sein Schwert ziehn. Beim ersten Lärm war das Geleite der beiden Frauen geheissen, auf das gegenseitige loszuschlagen: es geschah, indem sich der Held mit den drei Verschwornen herumschlug.

Da faßte Elisabeth mit männlichem Muth und rüstigen Armen den barbarischen Klifford und die Liebe gab ihr Kraft, daß sie ihn unbeweglich festhielt; und Warwick tödtete einen der Verschwornen, schleuderte den andern von sich. Kaum war er draussen erschienen, so verdoppelte sich die Wut der Seinen und schlug die Gegner mit Gewalt nieder. Dann flog er zurück nach dem Saal, von wannen Klifford und sein Gefährte entflohn waren, die einzigen, die sich von den Kriegern der Königin retteten. Er setzte seine Unterhaltung mit den Damen fort, als ob nichts geschehen wäre, und führte sie dann freudig mit sich nach London.

Bei dem ganzen Anschlag hatte Margaretha wol einige Hoffnung gehegt, daß das Vertrauen, welches sie auf Warwick setzen wollte, sein eignes aufregen und sein großmüthiges Herz rühren werde. Auch wäre es vielleicht möglich gewesen, daß sie alles Geschehene hätte vergessen können und sich einem so gewaltigen Mann auch jetzt noch hingegeben hätte, ohne ihm Gefahr zu bringen. Das aber empfand sie nicht, daß der hohe Sinn Warwicks gesunken wäre, sobald er sich durch Treulosigkeit gegen das Haus York einmal verleugnet hätte, und daß sie ihm dann nicht sicher hätte vertrauen dürfen.

Tief beschämt und voll wütenden Schmerzes, daß ihr Anschlag wider Warwick sich so geendigt hatte, brach Margaretha sogleich auf und zog wieder nach den nördlichen Provinzen, indem der rachedürstende Graf den jungen König spornte, ohne Zaudern im Felde zu erscheinen. Aus Werbungen, die er in London und andern Städten anstellte, aus alten versuchten Kriegerbanden, der letzten Mannschaft aus den Kriegen in Frankreich, schuf er ihm plötzlich ein Heer, und flog dann nach der Gegend von York, wohin die Königin sich mit ihrem Gemahl begeben hatte.

Auf dem Zuge flammte der Geist der Rache immer verzehrender in ihnen. Sie zogen durch den kleinen Ort, wo der alte Graf von Salisbury sein ruhmvolles Leben durch die Hand des Nachrichters beendet hatte: Warwick sah noch blutige Flecken an der Richtstäte. Als sie an Ferrybridge kamen, lag der wütende Lord Klifford an der Brücke, ihnen den Uebergang zu wehren: aber sie führte der Weg zu Margaretha's Heer, welcher die nördlichen Provinzen mit ihrem gewohnten Eifer plötzlich sechszigtausend Mann gestellt hatten. Der erste Angriff ward abgeschlagen. Da sprang Warwick vom Roß und tödtete es vor Eduards Augen, und sprach: „König, der Feind ist Meister der Brücke; fliehe, wer da will! ich schwöre bei diesem guten Zeichen, — das Kreuz seines Schwertes küssend, — hier bis zum letzten Seufzer zu schlagen.“ Der König sandte sogleich einen Trupp ab, der weit unter der Brücke den Uebergang geheim versuchen sollte; und wie er gelungen war, wie Klifford, um sich gegen diesen unerwarteten Angriff zu decken, die Brücke preis gab, stürmte Warwick hinüber und suchte die Person des barbarischen Lord. Nachdem er ihn schon mit einem Pfeil verwundet hatte, kam er näher und durchstieß ihm mit dem Degen die Mitte des Leibes.

Rasch ging es nun weiter zur Schlacht mit dem Heer Margaretha's, welches unter dem Befehl des Herzogs von Sommerset um ein Drittheil stärker war, als das anrückende. Die Königin hatte dem Anführer zum Wahlspruch gegeben: siegen oder sterben. In der Ebene von Taunton stiessen sie zusammen; den neun und zwanzigsten März des Jahres 1461. Ein dickes Schneegestöber wehte der Wind den Kriegern Margaretha's ins Gesicht und so gelang die List des feindlichen Vortrabs, daß er plötzlich die Schlachtlinie überschritt, eine Wolke von Pfeilen abschoß, dann schnell wieder hinter die Schlachtlinie zurückwich, und dadurch verführt das Heer von Lankaster auch einen Pfeilregen sandte, ohne irgend einen Feind zu erreichen. So wie die Köcher gegenüber geleert waren, ließ Eduard mit Wut einhauen, und durch seine Reihen scholl der Befehl, daß kein Quartier gegeben werden solle. Nun begann das gräßlichste Blutbad, indem alle Schlachtordnung aufhörte. Vom frühen Morgen währte es bis zu den Abendstunden, und noch war nichts entschieden. Mit der letzten Anstrengung stürzte da Warwick mit erlesener Bande noch einmal auf die Feinde, und sie wandten den Rücken. Durch diese Flucht stieg mit jedem Augenblick die Gräßlichkeit des Blutbades. Beinahe vierzigtausend Todte bedeckten das Schlachtfeld und die Umgegend.

In reissender Eile flohen die Königin und Heinrich aus York, wo sie den Ausgang der Schlacht erwartet hatten, und bald nach ihrer Flucht rückten König Eduard und Warwick in diese verhängnißvolle Stadt. Sie sahn die Häupter der Väter auf ihrem Thore, und liessen sie abnehmen, um es mit dem Kopf Kliffords und vielen andern barbarisch zu schmücken. Nur dann, fühlten sie, wäre der Sieg vollkommen gewesen, wenn die Häupter Margaretha's und ihres Sohns dort ihrer Rache prangten.

Eduard und Warwick gingen zurück nach London, wo das Parlament auf das feierlichste das Haus York für den einzigen rechtmäßigen Thronbesitzer erkannte, alle Staatsakte, die unter dem tyrannischen Hause Lankaster vollbracht wären, für nichtig erklärte, so wie für Verräther den König Heinrich den Sechsten mit seiner Gemahlin und ihrem Sohn, mit einer langen Reihe ihrer vornehmsten Anhänger, deren sämmtliche Besitzungen eingezogen werden sollten.

Kaum konnte indeß Margaretha mit ihrem Gemahl und Sohn, und den Herzögen von Sommerset und Excester, ihrer einzigen Begleitung, von der schottischen Regierung einen kärglichen Aufenthalt erflehen; aber sie war des Kampfs mit dem Schicksal noch nicht müde und faßte wieder die kühnsten Hoffnungen, als ein französischer Kaufmann, der in Schottland ansäßig, durch den Handel nach den Niederlanden sich Reichthum erworben hatte, vor ihr erschien, sie erinnerte an eine Wohlthat, die sie ihm in ihrer Jugend zu Nancy erwiesen hatte, sie bat, mit seinem Vermögen zu ihren Absichten zu schalten. Sie ersuchte ihn um ein Schiff und Vorschuß an Geld.

Ihren Gemahl und ihren Sohn hinterließ sie

der Obhut des Herzogs von Excester, und nun erst nahm sie eine Wache von hundert Edelleuten für dieselben an, welche sie bisher verbeten hatte. Sie selbst schiffte sich mit Sommerset ein, und gelandet in einem Hafen von Flandern, sandte sie ihren Gefährten an den burgundischen Hof, und begab sich selbst zu König Ludwig dem Eilften von Frankreich.

Berühmt und schön, unglücklich und Königin war sie sogleich ein Gegenstand der Anbetung für die ritterliche französische Jugend. Ludwig erlaubte ihr, in seinem Lande ein Heer zu werben, und der Zauber, welchen sie einflößte, hätte leicht die zahlreichsten Schaaren edler, schwärmerischer Jünglinge zu ihrer Fahne gesammelt. Allein Margaretha blieb Weib in allem Strudel des Ehrgeizes und der blutigsten Gefahren. Mit einer glühenden Einbildungskraft hing an ihr der junge tapfre Varenne, Großseneschall der Normandie. Ihr Herz blieb nicht ungerührt, und verbarg sich nicht, wie es die Politik gebot. Sobald sie Einem entschieden den Vorzug gab, waren die Arme, die Gemüther aller übrigen Jünglinge für sie gelähmt. Mit fünfhundert Mann, die Varenne zusammengebracht hatte, schiffte sie sich ein, unter seiner Anführung. Vom Sturm verfolgt, von der englischen Küste zurückgeworfen durch Posten, die König Eduard ausgestellt hatte, lief sie in die Twede ein, begab sich nach Berwick und von da an die schottische Gränze.

Nicht genug, daß ihre Verbindung mit Varenne und ihre Erscheinung mit so wenig Truppen einen schlechten Eindruck auf ihre Anhänger machte, bewirkte sie sogar den Abfall ihres treusten, des Herzogs von Sommerset. In Burgund hatte er einige Kriegsmacht zusammengezogen, und war so glücklich gewesen, mit derselben in Northumberland ohne Widerstand vorzudringen; als er aber jetzt hörte, wie Margaretha seine Liebe und Treue in so kurzer Zeit der Neigung für einen andern Mann geopfert habe, dachte er auf seine Aussöhnung mit König Eduard, der ihn mit offenen Armen empfing. Allein Margaretha kannte ihn zu gut, als daß sie über seinen Verrath sehr bestürzt gewesen wäre. Sie wußte, daß er nicht von ihr lassen könnte. Schon schrieb er ihr und wünschte zu wissen, ob sie wirklich so undankbar und wankelmüthig gegen ihn gehandelt habe, als das Gerücht sage; und wiewol sie ihm nur mit Klagen über seine Verrätherei geantwortet hatte: so flog er zu ihr mit einer großen, in London zusammengebrachten Geldsumme.

In Northumberland, wohin sie mit einigen im nördlichen England und in Schottland gesammelten Kriegsbanden gezogen war, empfing sie ihn mit Ueberraschung und Freude; doch konnte ihm nicht entgehen, daß ihr Herz für ihn verloren war. Indessen blieb ihm keine Zeit, darüber zu trauern; denn das kleine Heer mußte eilen, seine Linien bei Exham zu befestigen und hinter denselben Verstärkungen zu erwarten.

Von gleichkühnem Geist, wie sein Bruder Warwick beseelt, erstürmte sie der Marquis von Montague, und erschlug den größten Theil des betäubten Heers, indem sich die Uebrigen zerstreuten. 1464. Mai 15. Sommerset ward auf der Flucht ergriffen und zu Exham mit mehrern hingerichtet. Alle Gefangne verloren das Leben auf dem Blutgerüste.

Margaretha hatte sich in den Wald gerettet und irrte darin umher, allein mit ihrem achtjährigen Prinzen, glücklich genug, wenn sie ihn, auf dem ihre ganze Hoffnung ruhte, eine Zeitlang im Dickigt verbarg, bis es ihr gelang, mit ihm nach Schottland zu entkommen. Den geheimsten Ort suchend, erblickt sie Männer, die im Grase liegen. Sie haben ihren Gang gehört und stürzen auf sie zu. Geschmückt mit Reichthum, dem Rest ihrer königlichen Macht, den sie vom Schicksal gejagt mit sich trug, war sie eine lockende Beute für die Räuber, welche sie ergriffen und ihrer Kostbarkeiten beraubten. Ein fürchterlicher Zank erhob sich über die Theilung der Beute, und die Königin, unbewacht, riß ihren Knaben mit sich und stürzte ins dicke Gebüsch. So lange er Kräfte hatte, wanderte sie, und Hunger und Erschöpfung hatten sie schon mit allen Schrecken umgeben, als ihr ein Räuber mit gezogenem Schwert entgegen kam. Sie trat beherzt auf ihn zu, und indem sie auf ihren Eduard zeigte, rief sie aus: Hier, mein Freund, deiner Obhut vertraue ich deines Königs Sohn. Ueberwältigt ließ der Räuber sein Schwert zu den Füßen des Prinzen sinken, und erbot sich zu jedem Dienst, den seine Kräfte vermögten. Sie befahl ihm, den Knaben zu tragen, und indem er ihn in die Arme hob, ergriff sie sein Schwert, um gegen ihn durch seine eigne Waffe gesichert zu seyn. Er schlug sein Haus im nahen Dorfe vor als Zufluchtstäte. Zwei Tage lebten sie dort, indem er auf der Königin Bitten umherstreifte, über die Folgen der Schlacht bei Exham Kunde einzuziehn. Am dritten brachte ihnen die Frau des Räubers die Nachricht, daß im Dorf bewaffnete Leute umgingen, die nach der Königin und dem Prinzen von Wales frügen. Margaretha zog Kleider ihrer Wirthin an und ging hinaus, und erkannte zu ihrer ungemeinen Freude den Großseneschall Varenne mit seinem Schildträger und einem Engländer. Er hatte sich tapfer in der Schlacht gehalten und seine flüchtigen Krieger, die sich wieder zu seiner Fahne gesammelt hatten, in eine kleine Stadt geworfen, um selbst die Königin aufzusuchen, welche er nicht unter den Gefangnen des Marquis von Montague nennen hörte. So zärtlich Margaretha von des Seneschalls Betragen gerührt seyn mogte, ward ihr dadurch nichts geholfen. Die Spur, sie zu entdecken, konnte nun noch leichter gefunden werden, und der Räuber kam zurück mit der Nachricht vom blutigen Schicksal Sommersets und aller Gefangnen und von dem Eifer, womit Montague forthandle, nachdem er vernommen, daß die Königin und der Prinz von Wales nicht nach Schottland zurückgekommen wären. Vor allen, glaubte Varenne dem ritterlichen Geist gemäß, müßte er den Räubern noch die Kleinodien Margaretha's wiederabnehmen und begann eine Irrfahrt im Walde. Er traf auf den Herzog Excester und Edmund, den Bruder des hingerichteten Herzogs von Sommerset, und nahm sie mit zur Hütte des Räubers. Dieser, aller Wege kundig, entschloß sich, sie ihrem Verlangen gemäß nach Karlile zu führen, aber verbot schlechterdings seiner Frau, ein dargebotenes Geschenk anzunehmen, bedauernd, daß er ihnen in ihrer Noth nicht mehr Labsal und Hülfe darbieten könne. Das ist, sagte die Königin, das Herbste in meinem Mißgeschick, daß ich euch nicht belohnen kann.

Zu Karlile verschafften sie sich eine große Barke und landeten zu Kerkebridge in Schottland, von wannen die Herzöge von Excester und Edmund von Sommerset sich nach Flandern begeben mußten, um neue Hülfe am burgundischen Hofe zu suchen. Zum Unglück kehrte Margaretha nach ihrer Landung in das Haus eines Engländers ein, der zu den Anhängern der weissen Rose gehörte und war von ihr erkannt worden. Er faßte sogleich einen verrätherischen Anschlag. Der Seneschall und sein Schildträger wurden im Schlaf von mehrern Engländern überfallen, gefesselt und zum Hafen gebracht.

Eben dahin führte man während der Nacht die Königin und ihren Sohn. Varenne hatte sogleich gearbeitet, sich seiner Bande zu entledigen, und als er bei Tagesanbruch Margaretha und den Prinzen von Wales in demselben Schiffe mit sich erblickte, die schwarze Verrätherei nicht mehr bezweifelnd, streifte er die Bande ganz von sich, befreite seinen Waffenträger und in ihren Händen wurde Alles Waffe, in wenigen Augenblicken waren fünf Verräther erschlagen. Weil Ruder und andre Schiffswerkzeuge bei diesem Tumult verloren gegangen oder beschädigt waren, und Varenne mit seinem Gefährten der Schiffahrt unkundig, ward die Barke hin und hergeworfen und endlich zum Glück auf eine Sandbank an der schottischen Küste, an welche die beiden Männer durchwatend gelangten, die Königin und Prinz Eduard, auf ihren Schultern getragen.

Unter den barbarischen Bewohnern der Küste waren sie sicher, indem der Schildträger allein an den schottischen Hof wanderte, von wo er bald mit einigen Garden des Königs und andern Beistand zurückkam; aber auch mit der Nachricht von dem Unglück des Königs Heinrich. Nach der Niederlage von Exham durch die Flucht auf die Gränze von Schottland gerettet, war derselbe von der schrecklichsten Unruhe gepeinigt worden, als er seine Gemahlin und den Prinzen von Wales nicht in seiner Nähe wußte. Gänzlich unkundig ihres Schicksals, hatte er endlich den tollen Muth gefaßt, mit zehn verwegenen Engländern über die Twede zurückzugehn. Unter dem Namen eines Abgesandten des Königs von Schottland streifte er durch die nördlichen Provinzen mit unvorsichtiger Nachfrage nach der Königin und dem Prinzen Eduard. In der Nähe von Lutterworth, wo er im Hause eines Edelmanns, dessen Mutter seine Amme gewesen, sich ganz sicher glaubte, erkannte und verrieth ihn ein Diener, auf dessen Veranstaltung er mit seinem Wirth gefangen genommen wurde. Von dannen ward er auf einem schlechten Gaul nach London geführt, mit lächerlichem Schmuck überladen, seinen Namen auf dem Rücken, in jedem Orte, durch den er ritt, verhöhnt und gemißhandelt. Zu London diente er in allen Hauptstraßen zum schmachvollen Schauspiel, und ward zuletzt in ein düstres Loch des Tower geworfen.

Die Königin vernahm die gräßliche Erzählung des Waffenträgers in Gegenwart des Prinzen Eduard, und zog sich betäubt mit ihm zurück. Drei Tage ertrug sie keines Menschen Anblick; aber die Gestalt des Schicksals und die Bestimmung seines Lebens drückte sie in diesen Tagen marternd in die Seele ihres Sohns.

Als sie aus der Einsamkeit wieder hervortrat, war ihr Schmerz überwunden und alle Beziehungen ihrer Lage, alle Aussichten mußten sich ihr wieder klar und bestimmt darstellen. Sie war so besonnen und tiefeindringend, daß sie sich, selbst im grausamsten Unglück, keine täuschende Hoffnung machte. Auch jetzt gestand sie sich bestimmt, daß sie von dem schottischen Hofe, dessen Haupt ein minderjähriger König war, troß aller empfangenen augenblicklichen Unterstützungen, nie eine Hülfe erhalten werde, wodurch sie sich in England einen neuen Zustand gründen könnte. Sie begab sich nach Edimburg, und war sehr damit zufrieden, daß man ihr eine Geldsumme und zwei Schiffe vergönnte, zur Ueberfahrt nach Frankreich.

Kaum war sie eingeschifft: so erhob sich ein Sturm und trieb sie an die Küste von Flandern. Sie mußte zweifeln, daß die Herzöge von Excester und Sommerset irgend etwas für sie am burgundischen Hofe bewirkt hatten, da sie, kaum ans Land getreten, erfuhr, daß Eduard der Vierte von England seine Schwester mit dem Sohn Philipps des Guten von Burgund vermählen werde. Dennoch vertraute sie zu sehr auf den Edelmuth des Herzogs, als daß sie von ihrem Aufenthalt in seinen Staaten etwas gefürchtet hätte. Auch unterstützte er sie auf zuvorkommende Weise und ließ sie bis zur Gränze seines Landes ehrenvoll geleiten.

Als sie in einiger Entfernung bei Kalais vorbei reiste, wollte Varenne die Festungswerke der

Stadt schauen und ward von einem Trupp Engländer gefangen genommen. So ihres letzten Freundes beraubt, kam sie in Paris an. Den König fand sie nicht, denn er war mit seinem ganzen Hofe nach Chinon gegangen; aber schon mit unaussprechlicher Freude ihren kaum gefangenen Liebling. Vor den berühmten Krieger Vauclerc geführt, der unter Warwick in Kalais den Befehl hatte, war er von demselben wie aus Irrthum gefangen, sogleich freigegeben worden.

Sehr viel hatte zu dieser großmüthigen Behandlung des Günstlings der Königin gewiß beigetragen, daß eben jetzt die folgereichsten Zwistigkeiten zwischen dem Grafen von Warwick und König Eduard ausgebrochen waren. Jener brannte noch immer in der Leidenschaft für die schöne Elisabeth Woodwille; und wiewol ihr Herz von seinen großen Eigenschaften gerührt war, wiewol sie ihn mit Lebensgefahr wider den meuchelmörderischen Klifford gerettet hatte, war sie viel zu tugendhaft und hatte zu viel Selbstbeherrschung, als daß sie einer Neigung sich hingegeben hätte, welcher die bürgerlichen Verhältnisse entgegestanden; denn Warwick war verheirathet und hatte Kinder.

Sie lebte in der Einsamkeit bei ihrer Mutter zu Grafton in Northamptonshire. König Eduard kam dorthin bei Gelegenheit einer Jagd, und Elisabeth kniete vor ihm in Thränen: ihr Gemahl, der Ritter Gray, war für Lankaster gefallen und noch waren seine Güter geächtet. So viel Schönheit in Trauer entflammte Eduards Herz, der, leicht und kühn und überaus schön, die weiblichen Reize allenthalben seine Beute glaubte und sie mit flatternder Neigung in allen Ständen verfolgte.

Die Liebe in ihm war jetzt heftiger, als er sie bisher empfunden hatte, und mit Scham und Stolz erhob sich Elisabeth über jede Verführung. Er wußte ihr auf geschickte Weise einen Landsitz in der Nähe der Hauptstadt zu schenken, und sie konnte nicht umhin, bisweilen ihn zu sehn. Es geschah nie anders, als in Gegenwart ihrer Mutter und andrer achtungswerther Personen; aber doch nicht ohne Heimlichkeiten, um das Gerede der Menge zu vermeiden. Wenn er von diesem Umstande einige Hoffnung für seine Leidenschaft faßte: so stachelte sie nichts mehr, als die Entdeckung, daß Warwicks Bild in Elisabeths Busen thronte. Als der Held eines Tages zum offnen freundschaftlichen Besuch bei ihr gemeldet und Er gedrängt wurde, sich heimlich den Augen des eifersüchtigen, stolzen, stürmischen Mannes zu entziehn, beklagte er sich darüber bitter mit den Worten, daß jener doch verheirathet, und er es nicht sei! und eröffnete dadurch eine neue Aussicht für Elisabeths vordringende Seele.

Eduards Gemüth, durch die immer wechselnde und immer begünstigte Neigung zu Frauen entartet, wie überhaupt Männer durch nichts leichter im Innersten verderbt werden, fühlte gehässige Regungen bei dem Gedanken, daß Warwick in Elisabeths Herzen mehr galt, als er, und bedurfte vielleicht auch der Zerstreuung durch andere Liebelei. Mit einer jungen höchst anmuthigen Tochter

ter des Grafen, die in ländlicher Einsamkeit verborgen aufblühte, hatte er ein Verständniß angeknüpft, und ward zur Nachtzeit als Bauer verkleidet im Schloß ergriffen.

Eifersucht wegen der geliebten Elisabeth und Rache für diese Beleidigung erinnerten nun den Helden der Nation auf mächtige Weise an die Dankbarkeit, die ihm Eduard schuldig war, und bei der Offenheit seines Charakters wurde sein Unmuth bald so laut, daß alle Stände des Reichs sich schon von der Spaltung zwischen ihm und dem Hause York erschüttert fühlten. Alle bisher vor Schrecken stumme Anhänger des Hauses Lankaster, alle Freunde von York, die sich nicht genug belohnt glaubten, und der Bruder des Königs, Herzog Georg von Clarence, vermählt mit einer Tochter Warwicks, in Liebeshandel mit Anna Nevill, und ehrgeizig strebend, alle erhoben jetzt die Häupter und wollten gern die Spaltung erweitern.

Der Großseneschall der Normandie hatte sich bei seinem Aufenthalt zu Kalais so über die Gesinnungen Margaretha's gegen Vauclerc geäusſert, daß Graf Warwick nicht anstand, seine Schwester mit geheimen Aufträgen an die Königin nach Paris zu senden. Auch waren zwei Frauen, die sich einander so genau in ihren geheimsten Schicksalen kannten, schnell offenherzig gegen einander über die gegenwärtigen Verhältnisse. Nur konnte kein bestimmter Plan zum Handeln gemacht werden, bevor man sich des Beistandes von König Ludewig dem Eilften von Frankreich versichert hatte; und deshalb eilte Margaretha nach Chinon. Allein ehe sie den König gesprochen, kam auch Anna Nevill dort an und erklärte voll Bestürzung, daß Vauclerc ihr nach Paris den Befehl ihres Bruders gebracht habe, von seinen Vorschlägen zu schweigen oder jede über sie geschehene Eröffnung zurückzunehmen.

Vielleicht geschreckt durch die Gefahr, womit ihn des Helden Unmuth bedrohte, und nicht stark genug, der Liebe für Elisabeth die politischen Rücksichten des Throns zu opfern, wandte sich der König unerwartet voll Vertrauen zu dem Grafen und ersuchte ihn, an den französischen Hof zu gehn und um die Prinzessin Bonna von Savoyen, die bei ihrer Schwester der Königin von Frankreich erzogen wurde, in seinem Namen zu werben. Von demselben Tage an, da Warwick den Auftrag annahm, sah der König auch Elisabeth nicht mehr, die nach Northamptonshire zurückkehrte.

Indem Margaretha dies von Anna vernommen hatte, befahl sie ihr mit der strengsten Hoheit, einige wichtige Papiere auszuliefern, die vorzüglich von der Gesinnung des Herzogs von Clarence zeugten; und als die Lady leugnete, sie noch in Händen zu haben, entfernte sie sich mit dem Befehl an einige Edelleute, ihre Feindin, wie sie dieselbe nannte, durchzusuchen und ihr zu überbringen, was sie gefunden hätten. Es geschah ohne Schonung, und ein unbedeutender Brief des Grafen von Warwick war die ganze Beute.

Vergeblich waren alle Vorstellungen, welche

die Königin dem französischen Monarchen machte, um Geld und Unterstützung an Mannschaft von ihm zu erhalten. Sogar die Erlaubniß, in seinen Staaten Freiwillige zu ihrer Fahne zu sammeln, verweigerte ihr seine enge und karge Politik, und selbst in der Normandie durfte der Großseneschall unter den Engländern, die mit Führern aus dem Hause Lankaster nach Frankreich hinübergegangen waren, nur diejenigen zum Zuge in die Heimath auffordern, welche noch durch keine bürgerliche Pflichten gebunden waren. Auch bei diesen erkaltete der Eifer, da sie die Königin und ihren Heerführer so wenig begünstigt sahn.

Ohne irgend eine bestimmte Hoffnung, von allen Quellen eines neuen Glücks nun gänzlich abgeschnitten, lebte jene zu Paris, wie der Graf von Warwick als Gesandter des Königs von England mit glänzender Pracht daselbst erschien. Weinend hatte Anna auf diese Zeit gehofft, wo er sie wegen der schmähligen Behandlung, die sie zu Chinon erlitten, rächen sollte, und wenigstens hatte sie jetzt die Freude, sich öffentlich als Genossin der Pracht ihres Bruders zu zeigen, indem Margaretha sich in unscheinbare Verborgenheit zurückziehn mußte.

Inzwischen war sie noch immer von Ludewig dem Eilften als Königin von England und ihr Sohn als rechtmäßiger Erbe des englischen Throns behandelt worden, und nothwendig mußten daher Hindernisse entstehn, welche ein glückliches Ende der Sendung des Grafen von Warwick wenigstens verzögern mogten. Allein der Großseneschall der Normandie selbst machte dem König wiederholte Vorstellungen, wie schwache Hoffnung das Haus Lankaster habe, sich je wieder in England zu heben, und wie unweise es seyn würde, ihr das geringste gegenwärtige politische Interesse aufzuopfern; wie eben die enge Verbindung zwischen den Höfen von Frankreich und England dazu beitragen könne, für Margaretha und ihren Prinzen ein besseres Loos auszumitteln, als ihr vielleicht sonst würde. Ludewig folgte, und überrascht von dem schnellen glücklichen Erfolg seiner Gesandtschaft berichtete ihn Warwick freudig an König Eduard.

Margaretha bezeigte laut ihre Empfindlichkeit über die Willfährigkeit Ludewigs, und doch hatte Varenne einzig auf ihr Anstiften so gehandelt. Für sie war es nemlich die glücklichste Fügung, daß Warwicks Sendung gelang. Von Paris aus, wo die Trümmer ihres Glücks, die Herzöge von Sommerset und Exceſter wieder um sie versammelt waren, nach manchen Abentheuern in den burgundischen Staaten und Holland, hatte sie den ersten nach England geschickt, weil er ein vertrauter Freund des erschlagenen Gemahls von Elisabeth Woodwille gewesen war. Bei ihr und ihrer Mutter gelang es ihm bald, vertrauten Eingang zu gewinnen, und der erste Gebrauch, welchen er davon machte, waren Anregungen über die Leidenschaft des Königs, welche so überaus glänzend hätte benutzt werden können. Unterdessen ward aber auch durch Margaretha's Verbindungen die Leidenschaft in Eduard auf das heftigste aufgeregt; und indem alle Kunde aus

Frankreich vom Grafen Warwick drängte, geschah es in dem Sturm, daß der König und Elisabeth Woodwille sich heimlich mit einander vermählten.

In derselben Stunde, wo es geschah, verschwand Sommerset, aus der Gegenwart der neuen Königin, die ihn mit ihrem Gemahl zu versöhnen und zu belohnen wünschte. Er war nach Frankreich hinübergeeilt mit seiner frohen Kunde; und Margaretha benachrichtigte von ihr sogleich den Grafen von Warwick, der eben ein Fest gab wegen des glücklichen Erfolgs seiner Sendung. Tödtlicher konnte er nicht verwundet werden: alles an ihm war auf das schmerzlichste gekränkt, sein Stolz, indem er dem Hohn der Welt mit seiner Sendung preisgegeben, seine Liebe, da er um die Geliebte betrogen, sein hohes Gefühl für Redlichkeit, weil er so hinterlistig behandelt worden.

Dennoch betrog sich Margaretha, wenn sie erwartete, daß die Wut ihn nun zur Verbindung mit ihr treiben werde. Gegen das Haus Lankaster war einmal sein Leben gerichtet gewesen, in der Königin sah er die Feindin seines Geschlechts, durch sie sich rächen zu wollen, dachte er noch zu erhaben. Zu ihrem Staunen, näherte er sich ihr nicht im geringsten; aber mit Ludewig dem Eilften, der durch Eduards Vermählung mit Elisabeth Woodwille gleichfalls so schwer beleidigt worden, hatte er die geheimsten Unterredungen, die ohne Zweifel ihre gemeinschaftliche Rache bezweckten. Darauf ging er nach England zurück, und selbst Anna Nevill, die gutmüthig genug auf Sommersets erste Winke sich wieder der Königin genähert, wagte nicht, von einer Verbindung mit dieser ihrem Bruder etwas zu sagen.

Gespannt erwartete Margaretha, wohin sein wühlender Schmerz sich werfen werde, und hörte mit Freude, daß er nur zwei Tage an Eduards Hofe verweilt und sich dann unter dem Vorwande der Sorge für seine geschwächte Gesundheit mit zwei Aerzten auf sein Schloß zu Middleham begeben habe, und dort alle Nacht seine

Freunde und Genossen versammle; daß seine Tochter auch ihren Gemahl, den Herzog von Clarence, hingebracht und auf das engste mit ihrem Vater verbunden habe, inzwischen der Hof sich aller Sorglosigkeit überlasse.

Offenbar nahm die Verschwörung, die jetzt wider Eduard entstand, den Charakter an, daß sie nicht für das Haus Lankaster seyn, und nicht das Haus York, sondern nur den gegenwärtigen König aus demselben stürzen sollte. Der Herzog von Clarence strebte um so heftiger nach dem Thron, je mehr die Schwangerschaft der Königin Elisabeth seine Hoffnung auf denselben entfernte. In seiner Tochter die Königin seines Vaterlandes zu sehn, konnte selbst dem Stolze Warwicks schmeicheln; am meisten gefiel ihm aber, daß er sich an dem undankbaren Eduard rächen konnte, und doch in der alten Treue gegen York nicht zu wanken brauchte.

Für Margaretha schien also, wie untergraben Eduards Thron wurde, keine Hoffnung aufzugehn, und sie stand in der Ferne, wie schon geschieden aus allen innern Verhältnissen Englands. In auswärtigen Staaten war eben so wenig für sie eine tröstende Aussicht. Ludewig der Eilfte von Frankreich war zufrieden, wenn nur innere Bewegungen, auch ohne sein Zuthun, das englische Reich zerrütteten, und war nicht gesonnen, mit Aufopferung seiner eignen Kräfte Margaretha hinüberzusenden, wodurch Eduards Gefahr nur verringert wäre, indem Clarence und Warwick eben so gut wie er, einen Feind in ihr bekommen hätten. Der schottische Hof hatte mit dem gegenwärtigen englischen sogar einen Bund geschlossen, und die Heirath zwischen dem burgundischen Prinzen und der Schwester Eduards von England war wirklich vollzogen.

Dazu kam, daß Margaretha, wenn sie auch Truppen zu einer Landung zusammenbrachte, nicht mehr ihren geliebten Heerführer besaß, den sie an ihre Spitze hätte stellen können. Der feurige Varenne war im Felde gefallen. An niemand schloß sich die Königin jetzt mit Liebe und Hoffnung an, als an ihren Sohn Eduard, in welchem alle ihre großen Eigenschaften verjüngt wurden, und mehr für seine Zukunft, als für sich selbst hielt sie einen Trost fest, der im Zustande der innern Partheien Englands lag, nemlich den Gedanken, daß die Nation beim blutigen Zwist im Hause York selbst, sich reuig wieder zu Lankaster wenden und Clarence, über seinen Bruder siegend, leicht von ihr und ihrem Eduard gestürzt seyn werde.

Indem eine furchtbare Bewegung der Provinz York den arglosen Hof nicht auf die Spur der eigentlichen Gefahr führte, wiewol sie vom Marquis von Montague und dem Erzbischof von York, den Brüdern Warwicks geleitet wurde, empfand Margaretha die lebhafteste Ungeduld, selbst den hohlen Boden zu betreten, auf welchem Eduards Thron stand, um beim Einstürzen desselben sogleich das Feldgeschrei von Lankaster zu erheben. Da forderte sie von Ludewig dem Eilften nur die Gunst, daß er sie und ihren Sohn, ohne weitere Unterstützung, nur mit der möglichsten Sicherheit nach England hinüber befördern sollte; und nach langen Bedenklichkeiten schlug er ihr vor, daß sie mit einer Gesandtschaft, die er an König Eduard abgehn lassen wolle, hinübergehn mögte.

Sie überwand jedes Bild der Gefahr, worin sie auch ihren geliebten Sohn und alle Hoffnung Lankasters brachte, und verkleidete jenen als einen jungen Geistlichen, indem sie auch ihre Kleidung veränderte und sich einen fremden Namen beilegte. Der Erzbischof von Narbonne war einer der Gesandten, und in seinem Gefolge landete sie glücklich an der englischen Küste, unerkannt von allem übrigen Geleite.

Auch jetzt waren ihre beiden Unglücksgefährten, die Herzöge von Sommerset und Excester, ihr treu geblieben, und hatten sich mit hinübergeschifft, um ihr in dem weiten London eine sichre Zuflucht zu bereiten. Ein Haus, das der erstere noch aus den Trümmern der Güter seiner Familie gerettet hatte, konnte zunächst dazu dienen, und wirklich brachten sie in demselben einige Tage ruhig hin mit stillen Nachforschungen über die Lage der Dinge.

Die Wohnung war nicht fern vom Tower, und die Königin fühlte einen unbezwinglichen Drang, ihren Gemahl in seinem Kerker zu sehn. Wiewol man glaubte, daß Eduard ihn längst habe umbringen lassen, hielt sie sich vom Gegentheil überzeugt, da Heinrich von niemand gehaßt und gefürchtet, und dem öffentlichen Spotte preisgegeben worden. Sie kannte einen Gefangenwächter des Tower, einen alten Anhänger von Lankaster. Ihm vertraute sie sich, und ging, nachdem sie ihren Sohn in weitere Obhut gegeben, troß aller Warnung ihrer Freunde, als Dienstmagd in seine Wohnung. Sie fürchtete nichts, wenn sie einmal die Umstände berechnet, und ihren Entschluß gefaßt hatte. Hinabgeführt in den dunkelsten Kerker erblickte sie ihren Gemahl, gleich einem besinnungslosen Ungeheuer. Er hatte keine Kleider gewechselt, keiner Ruhe im Bette genossen, sein Bart war lang gewachsen, sein Haar hing zerstreut, und die ursprüngliche Trägheit seines Geistes war dem Blödsinn ähnlich geworden. Als er aber seine Gemahlin erkannte, kehrte seine Menschheit ganz zurück und er zerfloß in Thränen. Sie erhielt von ihm manche nützliche Nachricht über eifrige Anhänger, die selbst ins Gefängniß mit Anerbietungen zu ihm gedrungen waren.

Mit dem gräßlichen unterirrdischen Bilde stieg Margaretha wieder an das Tageslicht, um dort einen Jammer zu fühlen, gegen welchen alles Unglück ihres Lebens ihr ein geringes däuchte. Sie fand ihre Freunde in Thränen; denn den Tag darauf, als sie zum Gefangenwächter zog, war ihr Sohn plötzlich mit seinem Diener verschwunden, und alle Nachforschungen blieben vergeblich, eine ganze Woche lang noch seit ihrer Rückkehr.

Allein plötzlich erschien er wieder mit seinem Begleiter, und überrascht hörte die Mutter das Geheimniß seines Verschwindens. Er war nach Kalais gewesen, um die anmuthige jüngste Tochter des Grafen von Warwick zu begrüßen: in Paris hatte er sie während der Gesandtschaft ihres Vaters gesehn, und die Liebe hatte ihre jugendlichen Herzen ergriffen. Verkleidet als ein junger Geistlicher war er hinübergegangen; selbst die Leidenschaft hatte ihn zu keiner Unvorsichtigkeit verleitet, und eben durch die Liebe brachte er über den Unmuth, die Absichten des Vaters seiner Geliebten manches in Erfahrung. Als seine Mutter ihm noch Vorwürfe über Verwegenheit machte, antwortete er ihr mit Lächeln, daß sie ihm kein Beispiel von Feigheit gegeben, als sie in den Tower gegangen wäre; und sie umarmte ihn unter Thränen mit den Worten: Das Schicksal hat dich seit deiner Geburt gemißhandelt; ich fürchte, es endigt damit, dich zu verderben, weil es dir seine Schuld nicht abtragen kann.

Endlich vernahm die Königin, daß der Graf von Warwick und der Herzog von Clarence nach England herübergekommen waren (im Febr. 1470) und erwartete mit Sehnsucht den Ausbruch ihrer Verschwörung. Allein sie wurden vom Hofe mit Vertrauen empfangen und sogar beauftragt, Truppen zu versammeln, um einen Aufstand im Norden zu dämpfen. Diese Gelegenheit war für ihre Absichten zu lockend. Sie reiseten schnell ab zur Vollführung des Auftrages und unterweges stieß zu ihnen eine Kriegsschaar, die von Kalais herübergekommen durch die Provinz Norfolk heranzog. In kurzer Zeit waren sie an der Spitze eines mächtigen Heeres, und verbargen dem Hofe nicht mehr die Gefahr, welche ihn so unvermuthet bedrohte.

Eduard gerieth um so mehr in Wut, je argloser er getraut hatte. Er befahl jedem seiner treuen Unterthanen, die beiden Verräther zu greiffen, und versprach dem eine große Geldsumme, der sich ihrer, lebendig oder todt, bemächtigen würde. Auf das hurtigste zog auch er ein Heer zusammen, und in wenigen Tagen war er im Felde, um seine Feinde aufzusuchen. Als aber beide Heere gegen einander standen, hörte er gern auf den Vorschlag der gemäßigten Baronen in beiden Lagern, daß man Vergleichshandlungen am folgenden Tage beginnen wolle, und verließ sich auf den Erfolg derselben mit solcher Hoffnung,

nung, daß er sich schon die Nacht über nicht sorgfältig in seinem Zelt verschanzte. Warwick hörte dies und griff während der Nacht das königliche Heer an. Verwirrung und Schrecken waren so allgemein in demselben, daß er ohne Blut zu vergiessen auf des Königs Zelt ziehn konnte, ehe dieser noch wußte, welche Ursache das schreckliche, verworrene Getöse habe. Er reichte sein Schwert an den eintretenden Grafen, und bat ihn, sein Glück nicht zu mißbrauchen.

Gern hätte der Herzog von Clarence dies Schicksal seines Bruders benutzt, nachdem sich dessen Heer mit dem ihrigen vereinigt hatte, um sich sogleich zum König erklären zu lassen; aber Warwick faßte den Entschluß, nach London zu gehn und mit Hülfe des Parlaments die Mißbräuche der Regierung abzuschaffen.

Bei der ersten Kunde von Eduards Gefangenschaft ward Margaretha mit Mühe von ihren Freunden zurückgehalten, daß sie nicht aus der Verborgenheit hervortrat und ihren Gemahl oder ihren Sohn als König ausrufen ließ. Mit

Alles niederwerfender Eile wären dann gewiß die Sieger nach London gestürmt, ohne die Zahl der Truppen zu vermindern. Jetzt dagegen, als Lankaster ruhig blieb und sie die Königin mit ihrem Sohn hülflos in Frankreich glaubten, ließen sie ihr Heer auseinander gehn und verweilten sich zu St. Albans, wo Königin Elisabeth den Helden Warwick zu sanften Maaßregeln wider ihren Gemal zu stimmen suchte.

Der Graf hatte denselben auf sein Schloß zu Midleham unter die Obhut seines Bruders des Erzbischofs von York bringen lassen, welcher sogleich seinem Gefangnen die Erlaubniß verstattete, zu Fuß im Park zu jagen, begleitet von zwanzig Mann Wache. Eduard beredete leicht einen derselben, daß er einen benachbarten Edelmann ersuchte, zu einer bestimmten Zeit an der Mauer des Parks mit zwei Pferden zu halten. Scherzend stritt er mit den Garden, wie leicht es sei, über die Mauer zu springen, und vollbrachte es schnell, schwang sich aufs Roß und flog davon mit dem Edelmann, in ununterbrochnem Lauf nach London, wo die Sage, so wie hier, seine Rettung beschrieb, als er unter dem Freudengeschrei des Volks dort angekommen.

Wenn Warwick und Clarence über dies Ereigniß so bestürzt wurden, daß sie in der schnellsten Flucht Rettung suchten, so ward Margaretha noch schmerzlicher davon betroffen. Sie hatte auf den Augenblick, wenn die beiden Sieger, ohne ein Heer, die Stadt betreten würden, sehnlichst gehofft; sich ihrer Personen zu bemächtigen, schien ihr ein leichtes; viele Anhänger von Lankaster waren dazu gerüstet; York sollte wider sich selbst für das verhaßte Geschlecht, und dessen neue Thronbesteigung gearbeitet haben. Allein Eduards plötzliche Rückkehr zerstörte diese nahe Hoffnung, und brachte Margaretha mit ihrem Sohn und ihren Unglücksgenossen in die höchste Gefahr. Durch die letzten Maaßregeln, die sie ergriffen hatte, war ihr Aufenthalt in London bei weitem nicht mehr so verborgen geblieben, als vorher: jeder Augenblick konnte sie mit ihrem Eduard in die Gewalt des Feindes liefern, der ihren Gemahl im unterirrdischen Kerker gefangen hielt.

Nach Frankreich schnell hinüberzufliehen, schien das heilsamste; aber selbst auf dieser Flucht fesselte sie noch die Hoffnung. Sie harrte auf einem Landhause in der Provinz Kent, ob Warwick, der seine Truppen von Kalais noch diessei des Meers gefunden hatte und mit ihnen zurückgezogen war, noch etwas vollbringen werde. Da kam die Nachricht, der Held habe Verrath von seinem eignen Heer gefürchtet und sei zur Nacht mit dem Herzog von Clarence und seiner Tochter, der hochschwangern Herzogin, ans Meer geflohn. Eben so sehr eilte nun auch sie ans Gestade.

Der Graf hatte nur ein Packetboot genommen, um damit in Kalais einzulaufen, aber Vauclerc widersetzte sich dieser Absicht und ließ eine Kanone wider ihn richten. Kaum hatte er die Weite des Meers wieder suchen müssen, so drohte der Wind das Schiff umzuwerfen. Bei dem Angstgeschrei seiner Schwester und seiner beiden Töchter bemühte er sich, ein größeres Schiff, das vor ihnen segelte, zu erreichen. Er vertraute demselben die Frauen an und blieb selbst mit dem Herzog von Clarence in dem Packetboot, um sich nicht in die Gewalt eines Unbekannten zu geben.

Auf jenem größern Schiffe, das nach Dieppe segelte, war Margaretha mit dem Herzog von Excester und einigen andern Unglücksgefährten, die sich zurückgezogen hatten, als Warwick mit dem Kapitän sprach. Da er und Clarence zurückgeblieben, konnte ein so enger Raum die weniger erbitterten weiblichen Seelen nicht lange vereint umfassen, ohne daß ihr anfängliches Staunen gegen einander über das Schicksal, welches mit ihnen spielte, nicht in wärmere Gefühle übergegangen wäre. Anna Nevill war so lange Margaretha's Vertraute gewesen und auf der jungen anmuthigen Tochter Warwicks ruhte der Blick der Königin mit Zärtlichkeit: es that ihr wohl, mit ihr von der Liebe ihres Sohns zu reden.

Der Graf und Clarence, früher gelandet zu Dieppe, standen am Ufer mit Staunen, als sie ihre Damen mit der Königin aus dem Schiff kommen sahen. Aber auch Gemüther, wie Margaretha und Warwick, wurden durch ein solches Schicksal versöhnt, und in der ersten Stunde, da sie beisammen waren, schlossen sie schon einen Vertrag ab, daß der Prinz von Wales mit seiner Geliebten, der Tochter Warwicks vermählt werden solle. Man setzte nur die Genehmigung des Königs von Frankreich voraus, und in seiner Gegenwart wurde zu Amboise, wohin auch Eduard unter Obhut des Herzogs von Sommerset gekommen war, jener Vertrag bestätigt, so daß selbst der Herzog von Clarence sich verpflichtete, Lankaster wieder auf den Thron zu rufen. Bis zur Volljährigkeit des Prinzen Eduard von Wales sollten Warwick und Clarence das Reich verwalten.

Mit ausgesuchter Pracht wurde bald darauf die Hochzeit des Prinzen von Wales zu Amboise gefeiert und in kurzer Zeit war Ludwigs Flotte ausgerüstet, welche die Unternehmung wider den König von England unterstützen sollte. Die Herzöge von Sommerset und Excester waren nach England hinübergegangen, um die Anhänger Lankasters vorzubereiten, und übersandten erfreuliche Nachrichten. Vauclerc bewährte sich als einen Freund des Grafen von Warwick, welchem er den Hafen seiner Festung gesperrt hatte, weil er ihn damals in Kalais nicht sicher glaubte.

Schon stand der Held am Ufer von Havre, um sich mit der Königin und dem Prinzen von Wales einzuschiffen; aber der französische Admiral, der Bastard von Bourbon wagte nicht auszulaufen, weil Karl der Kühne von Burgund, Schwäher des Königs von England, eine ungleich stärkere Flotte an den Ausfluß der Seine gelegt hatte. Voll Verdruß eilte Warwick an den Hof Ludewigs und erhielt von ihm die Erlaubniß, daß er die französischen Schiffe wider den Feind führen dürfe. So wie er bei ihnen ankam, warf er sich in der Nacht aufs Meer und bei anbrechendem Tage mit Wut auf die burgundische Flotte, und hatte vier Schiffe derselben in den Grund gebohrt, als der Sturm heftig stieg und ihr einen Vorwand gab, ihre

Furcht und Niederlage mit dem Wetter zu beschönigen, das sie in ihre Häfen zurückgetrieben habe.

In dem Augenblick, als sich der Sturm legte, schiffte sich der Held mit der Königin ein, und sie landeten glücklich an der englischen Küste mit viertausend Mann französischer Hülfstruppen. Kaum waren ihre Namen erschollen, kaum hatten sie Heinrich den Sechsten wieder als König ausgerufen: so strömte es so zu ihren Fahnen, daß sie bald an der Spitze eines Heers von sechszigtausend Mann standen.

Eduard war eben beschäftigt, im Norden einen Aufruhr zu unterdrücken, der von einem Verwandten Warwicks angestiftet war, und scheint durchaus nicht von einer Landung seiner Feinde viel gefürchtet zu haben. Durch die burgundische Flotte, glaubte er, müsse sie wenigstens lange verzögert seyn, und der Bund, der gegen ihn geschmiedet war, däuchte ihm zu unnatürlich, als daß er wirklich bestehn könnte. Daß Margaretha, die den Vater Warwicks schmachvoll hinrichten ließ, ihm selbst nach Freiheit und Leben trachtete, und dieser, der ihren geliebten Sommerset erschlug, daß zwei so hochfahrende Gemüther, die so viele Jahre hindurch mit Strömen von Blut ihren gegenseitigen Haß genährt hatten, auf einmal und dauernd sich wohlwollten, schien dem unmöglich, der nicht erwägte, daß dieselbe Stärke, die ihnen solchen Haß gab, ihnen auch Kraft verlieh, ihn durchaus zu besiegen; daß beide ursprünglich zu Gefühlen der Liebe geneigt waren, und Aeltern sich schwerlich gram bleiben, wenn ihre beiderseitigen Kinder durch die schönste Liebe verbunden sind. Auch hatte der König wirklich mehr darauf gerechnet, daß sein Bruder unmöglich mit Margaretha und Warwick es treu meinen könne. Durch eine geheime Sendung, die aber diesen beiden sogleich verrathen war, hatte er ihm vorstellen lassen, wie unnatürlich es sei, daß er für Lankaster arbeiten wolle: bis jetzt habe Königin Elisabeth nur eine Prinzessin geboren und so stehe er dem Thron sehr nahe. Auch hatte Clarence wirklich gewankt, und davon hoffte Eduard Alles. Er überlegte nicht, daß sein Bruder, ein Jüngling von ein und zwanzig Jahren, ohne starke Entschlüsse, sich schwerlich von den Banden so gewaltiger Seelen, wie Margaretha und Warwick, losmachen konnte.

Mit seiner gewohnten Rüstigkeit zog er ein bedeutendes Heer in der Pläne von Nottingham zusammen; aber als Clarence treu blieb bei den Fahnen von Lankaster, als ein Anhänger von York nach dem andern zu denselben abfiel, entstand in Eduard jene Feigheit, die auch den Muthigsten anwandelt, wenn die Ereignisse alle seine Berechnungen täuschen. In einiger Entfernung von seinem Lager auf einem kleinen Schloß am Gestade des Meers verlor er sich immer mehr in seine verworrenen Vorstellungen und seine Besorgnisse. Doch war er entschlossen, durch eine Schlacht das Schicksal zu bestimmen, sobald sich das feindliche Heer in der Ebene vor ihm gelagert hatte.

Er überdachte in der Nacht den Plan der Schlacht am folgenden Tage. Da hörte er in seinem Lager Waffengetöse und ein Geschrei, das seinem Zelte sich näher und näher wälzte. Es war der gewöhnliche Schlachtruf von Lankaster. Wiewol er darauf gerechnet, daß Clarence den Grafen von Warwick verrathen sollte, hatte er dem Bruder desselben, dem Marquis von Montague, fest getraut, und eben dieser war es, der mit seinem großen Anhang dies verrätherische Geschrei erhob. Eduard warf sich sogleich in die Flucht, um nicht von den Verräthern gefangen zu werden. Zufällig fand er am Gestade eine kleine Kriegsbande von ungefähr fünfhundert Mann, und einige Fahrzeuge, worauf er sich mit ihr einschiffte. Sein ganzes Heer aber unterwarf sich dem Befehl Margaretha's und Warwicks, die eilf Tage nach ihrer Landung allgewaltig im Reich und an der Spitze einer solchen Kriegsmacht waren, wie in England noch keinem Führer gehorchte.

Als Elisabeth Woodwille den Ruin ihres Gemahls vernahm, wollte sie einzig bei der Großmuth ihrer Feinde Schutz suchen. Sie begab sich mit geringem Gefolge in die Westminster-abtei, wo Schrecken und Kummer ihre unzeitige Niederkunft bewirkten. Sie gebar einen Prinzen und war dem Tode nahe. Margaretha hörte es mit Rührung und sandte den Grafen von Warwick vorauf nach London, mit der Verheissung an sie, daß umgeben von aller Ehre und Freude sie und die Ihrigen an Englands Hofe ruhig leben könnten.

Montague übernahm die Führung des Heers in die Nähe der Hauptstadt. Am Tower machte die Königin zuerst Halt. Sie selbst wollte ihrem Gemahl die Pforten seines Kerkers öffnen. Aber mit einem Seufzer hörte er seine Befreiung und mit Thränen sah er die Last der Krone, die er wieder tragen sollte. Die Königin bat ihn, ein Roß zu besteigen. Umgeben von viertausend Kriegern, seinen Sohn neben sich, ritt er durch London. Der Held Warwick ging vorauf und rief: es lebe Heinrich und das Haus Lankaster! und die Volksmasse wiederholte den Ruf der gebietenden Stimme.

Margaretha dachte in diesem allgewaltigen Triumph an den Wechsel, welchem Englands Thron bis jetzt unterworfen gewesen, und auf Mittel, eine Revolution unmöglich zu machen, durch welche Lankaster von seiner gegenwärtigen Höhe wieder herabgestürzt werden könnte. Darum ging sie mit ihrem Sohn sogleich wieder nach Frankreich hinüber, um Ludewig den Eilften zu weiteren Maaßregeln zu bewegen, wodurch der Ruin Eduards für immer gewiß werde.

Verfolgt von Schiffen der Hansestädte, die mit Frankreich und England zu dieser Zeit Krieg hatten, war der König, ohne selbst zu wissen, wohin er vom Wasser getragen würde, an die Rhede von Alcmaar in Holland verschlagen, wo man den Schwäher des Herzogs von Burgund gern aufnahm.

Aber dieser selbst bewies wenig Wärme, zur Wiederherstellung seiner Macht ihm behülflich zu seyn, indem Warwick das Haus Lankaster planvoll befestigte. Ein Parlament, von ihm zusammen berufen, setzte fest, daß die Erbfolge auf dem Thron erst nach Erlöschung des männlichen Stamms von Lankaster auf York übergehn sollte, und zwar mit Vorbeigehung Eduards und seines Sohns auf den Herzog von Clarence und seine Nachkommen. Auch erklärte es diesen letzten und den Grafen zu Reichsverwesern bis zur Volljährigkeit des Prinzen von Wales.

Mit welchem unerschütterten Ansehn Warwick auch die Staatsverwaltung besorgte, drang er doch selbst in Margaretha, daß sie schnell wieder nach England kommen mögte; und als sie seiner Mahnung gefolgt war, verbarg er ihr nicht die vielen entdeckten Spuren der wankenden Treue des Herzogs von Clarence. Dennoch hegte sie die Meinung, daß man nicht mit ihm brechen, sondern ihn möglichst entfernen sollte. Man gab ihm die Statthalterschaft von Irland.

Ein ungewohntes Glück verbreitete sich nun so schnell über Englands Fluren, daß dieser blutige Schauplatz der grausamsten Leidenschaften sogar von den Künsten und Wissenschaften besucht wurde, und ein Rechtszustand wieder aufkam. Margaretha und Warwick regierten zusammen in der herrlichsten Eintracht: zwei solche Gemüther konnten durch kein Schicksal so entzweit werden, daß ihr Haß nicht in gegenseitige Achtung und Bewunderung übergehn mußte, wenn sie nur eine Zeitlang miteinander wirkten. Oft mogte in der Königin, wenn sie den Helden in der Nähe beschaute, der Gedanke entstehn, daß ihrem ganzen Leben ein andres Heil geworden wäre, wenn es sich früher einem solchen Manne hätte anschließen können. In ihrem alten tödtlichsten Feind hatte sie gefunden, wonach sie so lange vergebens suchte, eine männliche Natur, die ihrer weiblichen gewachsen war.

Ihre Seele that sich nun immer milder auf. Mit der größten Schonung behandelte sie Elisabeth Woodwille. Sie schlug ihr vor, sie zu ihrem Gemahl nach Flandern senden zu wollen; aber von ihm hatte Elisabeth wegen seiner Untreuen und Härten längst ihr Herz gewandt. Sie bot ihr an, den Hof zu besuchen, mit aller Pracht und Ehre, nur nach abgelegtem Titel einer Königin, als Herzogin von York; und die Unglückliche begab sich gern als solche in eine einsame Wohnung, wo Margaretha's Sorgfalt sie mit allen möglichen Freuden umringte.

Mit derselben Güte wies die Königin jede Härte gegen den Herzog von Clarence ab, wiewol ihre treusten Räthe und Warwick in sie drangen, ihn gefangen nehmen zu lassen, weil sie bemerkten, daß immer mehr geheime Anhänger des Hauses York, mit welchen er in Verbindung war, nach London und an den Hof kamen. Wohin sie blickte in England, fand sie Ruhe und Glück, und allenthalben standen den Provinzen Männer vor, auf deren Treue sie sich ganz verlassen konnte, und deren persönliche Eigenschaften jeder Gefahr und jedem Feinde gewachsen waren. Dagegen fuhr der Herzog von Burgund fort, den Flüchtling Eduard mit harter Kälte zu behandeln.

Plötzlich sandte der Marquis von Montague dem Hofe die Botschaft, daß Eduard an der Küste von Yorkshire zu Ravenspur gelandet sei, nur mit zweitausend Mann und daher auf Anhang im Innern Englands bestimmt zu rechnen scheine. Dies war so ganz unerwartet, daß man es kaum glau te am Hofe. Keiner von den Kundschaftern, mit welchen man den Herzog von Burgund und seinen flüchtigen Schwäher umgeben hatte, war auf eine vorbereitende Spur gekommen. Auf das geheimnißvollste hatte jener in Seeland unter dem Namen von Privatpersonen vier Schiffe voll Waffen und Kriegsbedürfnisse ausrüsten lassen, und sie an Eduard mit einer großen Geldsumme geschenkt. Zwölf hanseatische Schiffe sollten ihn auf der Ueberfahrt geleiten und zwei Wochen an der englischen Küste warten, um ihn wieder aufzunehmen, wenn in dieser Zeit sein Beginnen nicht gelang; und kaum war er abgesegelt: so verbot der Herzog seinen Unterthanen bei Todesstrafe, ihm mit Waffen oder Geld beizustehn.

Zugleich mit der schreckenden Botschaft hatte Montague der Königin gerathen, auf ihrer Hut gegen Clarence zu seyn. In Gegenwart des

Grafen von Warwick warf sie ihm in den heftigsten Ausdrücken seinen Verrath vor, und drohte, ihn sogleich auf das Blutgerüst zu senden. Aber er blieb furchtlos und beklagte sich bitter über ihren Argwohn: er wisse nichts von den Absichten seines Bruders, und sei bereit, sein Blut zu vergießen, um sie zu vereiteln: seinen Neffen wolle er niederstoßen, damit Eduard keinen Erben habe, und um so weniger nach dem Thron strebe.

Sie schauderte vor diesem Anerbieten; aber es bestärkte sie in ihrem alten Vertrauen zu dem Herzog, und sie gab ihm sogar den Auftrag, in den Provinzen, wo sein Ansehn vorzüglich galt, Truppen zu heben, um seinen Bruder abzuwehren; so dringend der Graf von Warwick sie warnte.

Indessen schien die Gefahr nicht groß zu werden, da Eduard mit seiner kleinen Kriegsbande allein blieb, und nirgends die Anhänger des Hauses York aufstanden, ihm die Krone zu erkämpfen, so daß er laut betheuerte, er trachte nicht nach ihr und komme blos als Herzog von York, um sein Erbgut zu erhalten. Dennoch versagte ihm die Stadt York, auf welche er zuerst zog, anfänglich den Eintritt, und erlaubte ihn endlich nur, indem er öffentlich in der Hauptkirche schwur, nichts zu unternehmen, was dem Gehorsam gegen den König zuwider wäre, und betheuerte, daß das Parlament Richter in der Angelegenheit seiner Erbschaft seyn solle.

Montague, der im Norden den Befehl führte, zog freilich die Truppen zusammen, wagte aber nichts wider ihn, da er ihn in den ersten Tagen leicht hätte unterdrücken können, und zwar auf Anordnung der Königin und seines Bruders. Die Menge bestimmte sich schwerlich, für York oder Lankaster etwas zu beginnen, ehe durch die Häupter der beiden Partheien im Felde etwas entschieden war, und der geringste Vortheil, der zu Anfang erfochten wurde, konnte wegen des Eindrucks auf die Masse von unendlichem Gewinn seyn.

Zu Coventry hatte Warwick den Mittelpunkt

gewählt, auf welchen sein Bruder und Clarence ziehn sollten: von dort konnte man Eduard, dessen Heer allmählig doch anschwoll, erreichen, welchen Weg er einschlagen mogte. Allein der Herzog blieb mit zwölftausend Mann einige Meilen unterhalb jenes Punktes stehn, und zog sich dort ängstlich in sein Lager, als das feindliche Heer ganz nahe vorübergeführt wurde, ohne eine Feindseligkeit auszuüben. Sogar kam ein Reiter aus demselben herangesprengt und warf sich dem Herzog um den Hals. Es war sein Bruder Glocester. Eine Unterredung erfolgte zwischen beiden in Gegenwart der vornehmsten Führer des Lagers, und die Wirkung war, daß die zwölftausend Mann von Lankaster abfielen und dem Ruf von York folgten.

Noch war Montague mehrere Tagemärsche entfernt, und Warwick hatte kaum achttausend Mann. Mit ihnen konnte er sich nicht auf das nun so furchtbare Heer Eduards werfen. Seine Wut stieg bis zum äußersten Grade, als der Verräther Clarence ihm den Antrag thun ließ, durch seine Vermittelung sich mit York zu versöhnen.

Wäre Warwick einem Helden, der ihm glich, gegenüber gewesen, so hätte er unter diesen Umständen einen entscheidenden Angriff von ihm erwarten können; aber auf keine Weise vermuthete er, daß Eduard mit täuschenden Umschweifen seines Zuges sich der Hauptstadt nähern werde. Dort waren der Herzog von Sommerset, der Erzbischof von York und andre Führer von Lankaster mit ansehnlichen Garden um König Heinrich versammelt, und die große Masse der Einwohner freute sich des ruhigen Glückes unter Margaretha und Warwick; von ihnen nicht mit Freude schnell aufgenommen, stand Eduard zwischen dem Heere Warwicks, mit welchem sich Montague in wenigen Tagen vereinigen konnte, und der Kriegsmacht, die Margaretha im Süden sammelte; aber es lag in seinem Leichtsinn, der mit Muth verbunden war, das Aeußerste ohne Berechnung zu versuchen.

Vor sich her ließ er das Gerücht nach London verbreiten, daß er nahe mit einem siegreichen Heere, und Warwick und Montague gänzlich geschlagen habe; und man glaubte diesen Sieg, weil er wirklich erschien, welches man ohne denselben für Raserei hielt. Das Volk brausete auf und die Anhänger von York lärmten ungestüm. Alles stürzte nach den Thoren, um den Sieger zu begrüßen, und unter Jubelgeschrei rückte er ein. Zweitausend Mann wurden sogleich nach Heinrichs Pallast beordert, um sich seiner königlichen Person zu bemächtigen, und die Garde war so bestürzt, daß sie sich sogleich zerstreute. Mit Ruhe ließ sich der König gefangen nehmen, und stieg in seinen vorigen Kerker hinab mit der Frage: ob die Vorsehung Gottes nicht zu bewundern wäre?

Der Herzog von Sommerset rettete sich durch die Flucht, und als er auf funfzehntausend Mann stieß, welche für Margaretha zusammengezogen waren, stellte er sich an ihre Spitze und führte sie zum Grafen Warwick, zu dem kaum Montague mit zwanzigtausend gekommen war. Mit solcher Kriegsmacht wollte Warwick in London selbst den Feind bekriegen. Allein Eduard hatte dort in vierundzwanzig Stunden seinen Thron befestigt, und rückte sogleich wieder aus, um eine Schlacht im Felde zu wagen. Bei Barnet stießen beide Heere auf einander, und mit dem folgenden Morgen begann der blutige Kampf. 1471. April 14.

Warwick griff an, wiewol sein Heer über zehntausend Mann schwächer war, als das feindliche, und mit seinem gewohnten Sturm warf er zurück, was ihm entgegenstand, so daß es bald das Ansehn bekam, als sei der Feind gänzlich in Flucht geworfen, bis Eduard mit seiner Reserve dem vordringenden Helden in die Seite fiel. Da wandte ein Führer von Lankaster, der Graf von Oxford, der mit seinen Schaaren York geschlagen hatte, sich plötzlich, um den bedrängten Freunden zu Hülfe zu kommen. Sein Zeichen war ein Stern mit Stralen, und weil es neblicht war, glaubten Warwicks Krieger das Zeichen Eduards, die Sonne, dringe ein auf sie, und kämpften deshalb wider den hülfebringenden Oxford. Die Verwirrung wurde allgemein und die Flucht stürzte hin und her. Zum Unglück focht Warwick an diesem Tage zu Fuß, um das Loos des gemeinsten Kriegers zu theilen, und ward wenig vernommen, wie er rufend und mit den Händen schlagend das unglückliche Mißverständniß aufklären wollte. Endlich warf er sich in den dicksten Haufen, wo seine Krieger mit dem Feinde gemischt waren, um mit seinem Leben die Flucht zu hemmen. Blutströme flossen, wo sein Schwert wütete; aber der Menge mußte er erliegen. Mit Wunden bedeckt sank er todt nieder, und Montague, der nachgestürzt war, um seinen Bruder zu retten, sank unmittelbar nachher. Als Eduard den Tod der beiden grossen Führer vernahm, wiederholte er seinen Befehl, an diesem Tage kein Quartier zu geben, und bis zum Mittage ließ er das Blutbad fortdauern. Er konnte sich des vollkommensten Sieges rühmen.

Er hatte nicht gewagt, Heinrich den Sechsten in London zurückzulassen, sondern ihn mit sich geführt in die Schlacht, und ließ ihn jetzt in den Tower zurückbringen. Warwicks Leiche ward zwei Tage in der Paulskirche ausgesetzt; aber die Bewunderung seiner Größe unterdrückte jede Verspottung derselben, und mit dunkler Stille umgab sie die Volksmenge.

Ueberwältigt von ihrem gräßlichen Schicksal gab Margaretha jede Hoffnung auf, und rang mit dem Leben verzweiflungsvoll im Heiligthum der Abtei von Beaulieu: sie drang nur noch in ihren Eduard, sich schnell nach Frankreich zu retten. Allein der junge Prinz fühlte, daß er nun das Haupt von Lankaster seyn müsse, und wollte abwarten, ob die Trümmer ihrer Macht sich nicht um ihn sammeln würden. Auch kamen der Herzog von Sommerset und der Graf von Oxford und andre, die sich mitten durch den Feind einen Weg gebahnt hatten.

Ungefähr zwölfhundert Mann brachte Sommerset zusammen, und behauptete die Meinung, daß der Prinz von Wales nicht nach Frankreich fliehn, sondern sogleich in England den Krieg fortsetzen müsse; noch wären alle Provinzen voll von Anhängern Lankasters. Man mögte die Stadt Glocester zum ersten Punkt erwählen, wo die beginnende Macht sich sammeln sollte.

Indem Margaretha und ihr Sohn auf dem Zuge nach dieser festen Stadt waren, trafen in der Nähe von Beaulieu achttausend Mann von König Eduard ein, um sich ihrer Personen zu bemächtigen. Durch treue Freunde bekamen sie Nachricht davon, und der Prinz von Wales war trostlos, daß er seine Gemahlin in der Abtei zurückgelassen, weil er sie dort sicher glaubte, indem ihr Feind Eduard seine ganze Aufmerksamkeit und Nachstellung wider ihn und seine Mutter richten werde. Ohne dieser einen Wink zu geben, verschwand er mit vier kühnen Gefährten. Glücklich kam er in Verkleidung durch die feindlichen Krieger in die Abtei, und bei anbrechender Finsterniß stahl er sich mit seiner Gemahlin hinaus in den Wald, wenige Stunden vorher, ehe der Feind das Kloster überfallen wollte. Glücklich kam er zurück zur geängsteten Mutter.

Die Stadt Glocester bewies sich geneigt, Lankaster aufzunehmen und kriegerische Banden strömten wieder zu seiner Fahne, größtentheils Ueberreste von Warwicks Heere. Zwei Wochen waren seit der Schlacht bei Barnet verflossen und schon war Margaretha, von einer Kriegsmacht umgeben, die nach ihrer Vereinigung mit den Truppen, die in Wales zusammengezogen wurden, stark genug gewesen wäre, dem König die Spitze zu bieten. Um jene Verbindung zu bewirken, mußte man über die Severne gehn; weil aber Glocester seinen Verheissungen zuwider, nun vor Lankaster die Thore schloß, wurde man bei Tewkesbury vor dem Uebergang von dem rüstigen Eduard erreicht.

Sommerset und der Prinz von Wales hatten ihr Lager befestigt und beherrschten den Strom, so daß sie hoffen konnten, die Hülfe aus Wales an sich zu ziehn. Aber der König war entschlossen, bis dahin nicht zu zaudern und ließ durch seinen Bruder Glocester die feindlichen Werke wütend bestürmen, dann dem geheimen Befehl gemäß allmählig ablassen, wie erschöpft, und endlich gar zurückgehn. Sogleich stürzte Sommerset heraus, und schlug auf ihn mit der wildesten Tapferkeit. Dies hatte Eduard erwartet. Auf einmal theilte sich seines Bruders Rückzug, und er selbst erschien in der Mitte beider Theile mit stürmisch anrückender Macht. Sommerset sah den andern Flügel seines Heers nicht ausrücken, wie sein Befehl war: er allein konnte nicht widerstehn und wandte sich, die Verschanzungen wieder zu gewinnen. Aber mit seinem Nachtrabe drangen auch die Krieger Glocesters ein und wüteten im feindlichen Blute. Vor den Oeffnungen dehnte sich nun schon Eduards Macht aus. Die Werke verwehrten die Flucht und in der Verwirrung rettete nicht Sommersets Eifer und des Prinzen von Wales feurige Tapferkeit. Wo er kämpfte in dem Getöse, dahin wollte sich Margaretha in den Kampf stürzen; aber eine tiefe Ohnmacht lähmte ihre Glieder. So legten ihre

Diener sie auf einen Wagen und entkamen mit ihr aus dem Lager. Inzwischen umwickelte der Herzog von Glocester immer enger mit seinen tapfersten Truppen so den Herzog von Sommerset, als den Prinzen von Wales, die mit Raserei jeden Angriff abschlugen. Allein in dem Augenblick, wie der Prinz einen Feind niederschlug, ward er von einem andern umfaßt und entwaffnet. Sobald bekannt wurde, daß er und Sommerset gefangen waren, hatte der Kampf überhaupt ein Ende.

Der König war in einem Saal mit seinen Brüdern, den Herzögen von Clarence und Glocester und zwei Baronen, als der gefangne Eduard vor ihn gebracht wurde. Er trat heftig auf ihn zu und fragte wild: was er in seinen Staaten gewollt habe? und unerschrocken antwortete der Prinz, daß er gekommen sei, in Besitz zu nehmen, was ihm gehörte und unrechtmäßig genommen wäre. Lange sah der König ihn schweigend an, und schlug ihn dann mit dem Handschuh ins Gesicht. Kaum hatte er sich gewandt: so fielen die übrigen vier wie reissende Thiere über den unglücklichen Jüngling her und ermordeten ihn mit Dolchstichen. Der Herzog von Sommerset und mehrere starben durch die Hand des Nachrichters.

Margaretha ward aus dem Kloster, wohin sie sich geflüchtet hatte, fortgerissen, indem man sie mit dem Schicksal ihres Sohns bekannt machte. Sie schwur, ihr Leben nur anzuwenden, um des Himmels Gerechtigkeit wider Eduard herabzurufen. Nach London gebracht mußte sie in den Tower hinabsteigen.

Mit ihrem Geiste war sie auch im Kerker gefährlich, so lange sie das Recht ihres Gemahls für sich anführen konnte. Deshalb sprach der König das Todesurtheil wider Heinrich den Sechsten, und der Herzog von Glocester freute sich, es vollziehn zu dürfen. Er fand ihn vergnügt in der Einsamkeit mit einem geliebten Vogel und ununterrichtet von dem Schicksal seines Hauses. Mit boshafter Freude offenbarte er ihm den Tod seines Sohnes und das Urtheil des

Königs wider ihn. Heinrich kniete mit Feuer, hob die Augen gen Himmel und bot die Brust dem Mörder dar. Glocester säumte nicht, ihm den Dolch ins Herz zu stoßen. Die Wächter mußten den Leichnam vor Margaretha's Kerker tragen, dessen Thüre geöffnet ward. Sie sah die gräßliche Wunde und fiel besinnungslos nieder.

Nach diesen Martern wurde die Unglückliche menschlicher behandelt, es hieß, auf Anstiften der Königin Elisabeth. Auch fürchtete man nun ihre Pläne nicht mehr, und sie durfte in ihren Zimmern ohne Unterschied und Zwang Besuche annehmen. Jeden Versuch, ihren Ehrgeiz wieder zu wecken, wies sie von sich; denn nur die Liebe für ihren Sohn habe sie sonst mit Muth gegen alle Gefahren bewaffnet; seitdem er so grausam gemordet worden, wünsche sie nur ihre Freiheit, um in der Einsamkeit eines Klosters ruhig den Tod zu erwarten. Nur durch die Bemühungen ihres Vaters, des Königs von Sicilien, könne ihre Befreiung bewirkt werden, und es schmerze sie tief, daß eben er auch nicht ein einziges Merkmal von Theilnahme an ihrem Schicksal gebe.

So äusserte sie sich gegen den Grafen von Pembrook, der die Truppen in Wales vor der verderblichen Schlacht bei Tewkesbury für Lankaster zusammengezogen und sich nach derselben in den Gebirgen verborgen hatte, dann aber verkleidet nach London kam, um auf seiner Flucht nach Frankreich die unglückliche Margaretha zu sehn. Sie gab ihm einen Brief an ihren Vater mit. Aber Pembrook ward am Hofe des Herzogs von Bretagne gefangen genommen. Die Königin wußte dies nicht und glaubte sich ganz von ihrem Vater vergessen.

Mit dem Ausdruck des Schmerzens schrieb sie an den Grafen von Oxford, der sich aus der Schlacht bei Tewkesbury nach Frankreich gerettet hatte. Auf ihn wirkte dies so heftig, daß er auf den verwegenen Einfall kam, sie aus dem Tower zu befreien; aber er gerieth mit seinen Gefährten in die Gewalt des Königs von England und ward zur lebenslänglichen Gefangenschaft verurtheilt. In dem Asyl der Westminsterabtei lebte der Herzog von Excester, der alte

Unglücksgefährte Margaretha's, welche er verkleidet bisweilen im Gefängniß besuchte. Nachdem er vergeblich gestrebt hatte, mit dem König seinen Frieden zu machen, sann er auf die Flucht nach Frankreich, aus dem unerträglichen Zustande sich mit Lebensgefahr zu retten. Die Königin gab auch ihm ein Schreiben an ihren Vater. Kaum hatte er sich von London entfernt, als er sich beobachtet sah. Wenigstens verfolgte ihn Einer unaufhörlich auf seinem Wege; und er faßte den Gedanken, den Kundschafter ruhig zu erwarten und niederzustoßen. Zu seinem Verderben verschob er die Ausführung, denn wie er einige Meilen weitergekommen war, sah er sich schon von einem kleinen Haufen Bewaffneter verfolgt. Sogleich suchte er das Dickigt eines Waldes. Als aber seine Verfolger seine Spur nicht verloren, schreckte ihn die Aussicht, ergriffen und wahrscheinlich auf schmachvolle Weise hingerichtet zu werden. Er gab seinem Bedienten sein Geld und den Brief der Königin, und beschwor ihn, über das Meer zu eilen und denselben an

König René zu besorgen. Darauf nahm er sein Schwert und durchstieß sich.

Margaretha betrachtete sich nun als das Verderben ihrer eifrigsten Freunde, und beschloß sich allen zu entziehn. Selbst die Wittwe ihres Sohns, die mit ihrem Gemahl in dem verhängnißvollen Lager von Tewkesbury gewesen war und seitdem keinen Trost hatte, als mit der Mutter zu weinen, durfte nicht mehr zu ihr kommen.

Indem sie immer noch glaubte, von ihrem Vater ganz vergessen zu seyn, setzte er alle bedeutende Regierungen in Bewegung, daß sie beim König von England sich für Margaretha's Freiheit verwandten; aber wie kräftig sie ihr Fürwort wiederholten, erfolgte immer nur eine bestimmt verweigernde Antwort. Eben so wenig gelang es dem König von Sicilien, zu seiner Tochter eine Kunde in den Kerker zu bringen; der Abgeordnete, auf welchen er am meisten vertraut hatte, war unterweges in Gefangenschaft gerathen.

Beinahe fünf Jahre hatte Margaretha ihrer

Freiheit beraubt, zugebracht, als Karl von Burgund und König Eduard einen Bund schlossen, Ludewigs des Eilften Macht zu zertrümmern. Aber mit welchen Rüstungen man auch den Krieg begann, zeigte es sich doch bald, daß die Engländer glücklich genug waren, wenn der König von Frankreich Frieden mit ihnen eingehen wollte. Ludewig und Eduard hatten eine Unterredung auf der Brücke von Pequigni, und jener verwandte sich mit Eifer für die gefangene Königin und bot ein Lösegeld von funfzigtausend Thaler an. Der Friedensschluß von Pequigni erhielt eine besondere Uebereinkunft über ihre Befreiung.

Ihr Vater und andere verkündeten ihr das mit Jubel, aber seit Eduards Rückkunft nach London verging doch eine Woche nach der andern, ohne daß ihr die Pforte des Gefängnisses geöffnet wurde. Die Ursache mogte seyn, daß der vertrauteste Bote des Königs René mit vielen Anhängern Lankasters verdächtig geworden und ergriffen war. Bei Eduards Rückkunft nach

England war eben die Untersuchung wider ihn und über die bei ihm gefundenen Papiere. So wenig eine Spur von politischen Absichten in Margaretha's Schreiben zn entdecken war und so unschuldig Eduard selbst den Inhalt fand, wurde sein Mißtrauen gegen sie doch wieder erregt, und ihre Gefangenschaft wahrscheinlich dadurch verlängert.

Endlich am zwanzigsten November 1475 durfte sie den Tower verlassen. Der König wollte sie nicht sehn; aber er erlaubte, daß sie einige Tage zu Greenwich zubrachte, wo alle ihre Freunde uud Bekannte von ihr Abschied nehmen konnten, ehe sie nach Frankreich überschiffte. Auch der Herzog von Clarence scheute sich nicht, sie noch einmal zu sprechen; aber die Wittwe ihres Sohns, welcher sie die Besuche im Tower mit Mühe verwehrt hatte, erschien nicht. Sie war von dem Herzog von Glocester, dem Ungeheuer, das ihren Gemahl und dessen Vater, Heinrich den Sechsten mordete, gezwungen worden, sich mit ihm zu vermählen; und ließ nun der Königin nur ihren Schmerz bezeugen, daß sie ihr nicht nach Frankreich folgen konnte.

Als Margaretha in Frankreich gelandet war, beschloß sie, sich nach Aix in der Provence zu begeben, wo ihr Vater in einem hohen Alter lebte; aber noch war ihr nicht vergönnt, ohne Gefahren zur Ruhe zu gelangen. Sie glaubte, in der Normandie so sicher zu reisen, daß sie das schützende Geleite, welches ihr der König zu Rouen angeordnet hatte, unnöthig fand, und mit ihrem kleinen Gefolge von zehn Personen, worunter zwei Edelleute und fünf männliche Bediente, die Reise fortsetzte. In einem Dorfe, wo sie übernachten wollte, füllte sich die Herberge bald mit neugierigen Engländern, von welcher Nation sich große Schwärme im nördlichen Frankreich umhertrieben. Ueber York und Lankaster ward viel gestritten. Die beiden Edelleute wurden in den Streit verwickelt und bald gezwungen, im Zimmer der Königin eine Zuflucht zu suchen, wohin ihre Gegner sie verfolgten, mit der Drohung, daß sie nun den letzten Rest einer

Parthei, die so viel Unglück über ihr Vaterland gebracht hätte, vertilgen wollten. Nur durch herbeieilende Franzosen wurde Margaretha gerettet.

Sie ging nach Rouen zurück, um das königliche Geleit anzunehmen, aber auch, um noch Mißhandlungen zu erleiden, die tief schmerzten. Dort mußte sie dem Gesandten Eduards noch eine förmliche Akte ausstellen, worin sie auf Witthum, auf Schmuck und alle Rechte einer verwittweten Königin von England Verzicht leistete; dort wurde ihr im Namen Ludewigs des Eilften kund gethan, daß ihr Vater zu Gunsten Frankreichs alle seine Rechte auf die Provence und Anjou, auf Lothringen und Bar aufgeopfert habe, unter der bloßen Bedingung, daß sie befreit würde und einen anständigen Jahrsgehalt bekäme. So verlor sie zu gleicher Zeit, was ihr das Glück in England, was ihr die Geburt gegeben hatte. Sie verbarg nicht ihre Empfindlichkeit über die Schenkung ihres Vaters an Ludewig. Ich opferte, entgegnete ihr der gutmüthige Greis, gern alles auf, was ich hatte, um die Freude zu haben, daß ich dich noch wieder sah.

Nur wenige Jahre lebte sie bei ihm und im Schooß der Ruhe, denn er starb im Jahr 1480. Darauf begab sie sich in die Provinz Anjou, für welche sie eine besondre Vorliebe hatte, und die sie als das eigentliche Erbtheil ihres Hauses ansah. Kaum war sie in der Provinz angekommen, so drängte sie Ludewig, daß sie ihre Bestätigung der Schenkung ihres Vaters noch einmal und zwar in einer förmlicheren Urkunde wiederholen sollte. Sie machte einige Schwierigkeiten, um ihn zu zwingen, daß er ihren Jahrsgehalt bestimmter auszahlte, als bisher geschah, oder gar vermehrte. Allein die Antwort war, daß sie das Gut ihres Vaters wieder bekommen könnte, aber nur unter der Bedingung, wenn sie in den Tower zurückginge, denn für ihre Befreiung habe er jenes erhalten. Margaretha merkte daran, wie rathsam es sei, dem König zu willfahren.

So nahe dem Schauplatz, wo ihre Thaten und Schicksale sich entwickelt hatten, schwebte sie in ununterbrochner Gefahr, wieder in die politischen Ereignisse verflochten zu werden. Einem solchen Geiste ist es schwer, ein Werk aufzugeben, das Bestimmung des Lebens war. Margaretha konnte den Gedanken nicht aufgeben, daß Lankaster auf Yorks Ruin noch erhoben werden müßte. Alle Kunde, die sie aus England erhielt, weckte und nährte dies ewige Feuer in ihrem Innern.

Noch vor dem Tode ihres Vaters war schon die Herzogin von Clarence weinend zu ihr gekommen, um Trost bei ihrem hohen Gemüth zu finden. Unmöglich konnte Eduard vergessen, daß sein Bruder mit Lankaster so lange wider ihn gewesen, und der eitle Herzog eben so wenig, daß seine Verrätherei es eigentlich war, wodurch der König seinen Thron wieder gewann. Durch eine Beleidigung desselben aufgereizt, warf er es ihm vor, mit heftigen Drohungen. Er wurde des Hochverraths angeklagt, und der boshafte

Glocester ruhte nicht, bis er zum Tode verurtheilt war. Mit ihren beiden Kindern eilte seine Gemahlin herbei aus Irland, ihn durch ihre Bitten zu retten, aber der König hatte keine Gnade, als daß er ihm die Wahl der Todesart überließ. Clarence verlangte, in einem Faß Malvasierwein ersäuft zu werden. Vergebens flehte ihn seine Gemahlin, die zu ihm gelassen war, wenigstens nicht auf so schmähliche Weise sich zu tödten: er lud sie dagegen ein, sich das Vergnügen zu machen, seinem Tode beizuwohnen. Entsetzt floh sie aus England mit ihren Kindern in Margaretha's Einsamkeit in der Provence, wo sie eine Zeitlang verweilte.

Bald darauf wurde es gewiß, daß Eduards Gesundheit unheilbar zerrüttet war, und der blutgierige Glocester nicht ruhn werde, als bis er sich durch Mord den Weg zum Thron gebahnt habe. Die englische Nation empfand dies mit Schaudern und gedachte mit Sehnsucht des Hauses Lankaster, da York so zerstörend gegen sich selbst wütete.

Das Schicksal aber brachte den Einzigen, durch welchen Lankaster auch wieder aufblühen konnte, in enge Verbindung mit Margaretha. Es war der junge Graf Heinrich von Richemont, der von einem Bastard abstammte, welchen die Gesetze als ein Glied von Lankaster anerkannt hatten. In den Gebirgen von Wales aufgewachsen, wo er sich vor Eduards Verfolgungen verbarg, hatte er dennoch früh die grossen Eigenschaften seines Gemüths verrathen. Mit seinem Oheim, dem Grafen Pembrooke, ging er nach Frankreich über, wo der Herzog von Bretagne ihn gefangen nahm, um seine Person bei den politischen Verhältnissen des Herzogthums gegen England zu benutzen. Darum schwebte Heinrich immer in Gefahr, ausgeliefert zu werden und das Leben zu verlieren; denn wenig war auf Eduards Vorstellungen zu bauen, daß man ihm den Jüngling senden solle, damit er ihn mit einer seiner Töchter vermähle und so York und Lankaster auf ewig vereine. Da der Graf von Richemont der einzige noch übrige

Prinz aus diesem letzten Hause war, besaß er allein das ganze Recht desselben auf den Thron, welchem doch alle Prinzen von York näher standen, wenn jene Verheissung des Königs auch redlich erfüllt wäre.

Der Herzog von Bretagne hatte den Verheissungen des Königs von England getraut, und seinen Gesandten den Grafen von Richemont nebst seinem Oheim Pembrook übergeben. Sie waren schon mit ihm abgereiset nach St. Malo, wo sie sich einschiffen wollten, als Katharina Lee, die Tochter eines Britten, der sich zu Vannes niedergelassen, in ihren Vater drang, den Jüngling zu retten, dessen große Eigenschaften ihr junges Herz gerührt hatten. Sogleich eilte derselbe an den Hof des Herzogs, und schilderte ihm die Gefahr, worin er den Grafen Richemont gegeben, und die Schande, so alle Treue gebrochen zu haben, mit solcher Stärke, daß der herzogliche Minister ohne Verzug nach St. Malo abgehn mußte, um, selbst mit Gewalt, den Jüngling zu befreien. Der Minister kam an in dem Augenblick, als die Einschiffung geschehn sollte, und ließ den Gesandten sagen, daß er noch wichtige Mittheilungen an sie habe. Während derselben befreiten die Leute seines Gefolges die beiden Gefangnen und führten sie in eine Kirche. Auf die bitterste Klage der englischen Gesandtschaft ward nur geantwortet, der Herzog wolle dafür sorgen, daß Eduard nichts von den Unternehmungen des Grafen von Richemont zu fürchten habe.

Heinrich blieb nun in der Gefangenschaft zu Vannes und vergaß in der Nähe der geliebten Katharina Lee aller Gelegenheit zu entfliehn, und seiner Hoffnungen für die Zukunft. Da war der Zeitpunkt gekommen, wo Margaretha in ihrer scheinbaren Ohnmacht die Idee ihrer Lebens, Lankasters Flor und Yorks Verderben noch einmal mit Macht aufgreifen und vielleicht mit Glück in die Wirklichkeit spielen konnte. So wurde ihr das Höchste, was dem Menschen werden kann, daß er nämlich den wesentlichen Inhalt seines Lebens nicht vor dem Tode aufzugeben braucht.

Von nun an betrachtete sie den jungen Heinrich von Richemont als ihren Sohn, und sein Schicksal als das ihrige. Nur durch ihre Kenntniß der Leidenschaften konnte seine Liebe, anstatt ein Hinderniß großer Unternehmungen zu seyn, für dieselben gebraucht werden. Sie rieth dem Grafen von Pembrook, zu veranstalten, daß Katharina Lee selbst die Stadt Vannes verließe und Heinrich so zur Flucht gereizt würde. Das sittsame Mädchen folgte dem Befehl ihres Vaters, und unter seiner Begleitung kam sie auf das Schloß von Dampierre, wo die Königin nicht fern von Bretagne's Gränzen verweilte. Sie empfing Katharina mit Achtung und faßte bald ein zärtliches Wohlwollen gegen ihre herrlichen Eigenschaften.

Jeden Tag erwartete man hier die Ankunft Heinrichs und des Grafen von Pembrook; denn an ihrer glücklichen Flucht ließ sich nicht zweifeln. Aber durch zu großes Vertrauen auf die Leichtigkeit derselben hatten sie selbst unvorsichtig ihr Vorhaben verrathen. Der erbitterte Herzog hatte sie auf die Insel Ouessant bringen lassen, wo wenige Engländer zu landen brauchten, um ihr Gefängniß zu erstürmen und sie in Fesseln nach England hinüberzuführen.

Der Engländer Lee und Vignoles, derselbe Edelmann, welcher so lange der Vertraute des Königs von Sicilien gewesen, übernahmen es, die beiden Gefangenen zu befreien. Als Bauern verkleidet kamen sie auf der Insel mit wenigen Gefährten an, und hörten, daß die Grafen von sechszig Mann auf dem Schloß bewacht würden, und nie es ohne Wache verließen. Doch gelang es, daß Vignoles sich in der Verkleidung ihnen bemerkbar machte, einige Worte mit ihnen redete. Drei Rosse wurden hinter einer Hecke bereit gehalten, und sie hatten sich darauf geschwungen, ehe die Wache es wahrnahm. Sie flogen an den Strand, wo ein Schiff auf sie wartete, sie aufnahm. Aber indem sie absegeln wollten, kam von einem benachbarten Hafen ein flaches Boot mit Soldaten, welche die Besatzung des Schlosses ablösen sollten. Schon eilten einige von der Wache zum Ufer und bedeuteten die Ankommenden durch Geberden und Geschrei, wer auf dem Schiffe sei, das absegeln wollte. Die beiden Grafen waren ohne Waffen und mußten sich gefangen ergeben. Sie wurden vor den Herzog von Bretagne geführt, dessen Unwille so groß war, daß man für ihr Leben fürchtete. Aber Heinrich von Richemont behandelte ihn mit solcher Ueberlegenheit des Geistes, und sprach so kräftig über die Schändlichkeit, sie in Bretagne gefangen zu halten, daß der Herzog zufrieden war, als die beiden Grafen gelobten, zu Vannes ruhig fortzuleben und nicht zu entfliehen, wogegen er schwur, nie seine Gewalt über sie dahin mißzubrauchen, daß er sie an König Eduard auslieferte.

Der Aufenthalt zu Vannes war nun der Art, daß sie es nicht beide zu gleicher Zeit verließen, sondern immer einer in den Kammern zurückblieb, wenn der andre die Königin besuchte. Sie geriethen in keinen Verdacht, entfliehen zu wollen, weil sie niemals zugleich erschienen. Durch ihre Besuche bei Margaretha bildete sich wieder ein Mittelpunkt alles Strebens der Parthei Lankaster.

Eine neue Stärke bekam er durch die rastlose Kühnheit von Vignoles und Lee. Noch immer verzehrte sich einer der vornehmsten Führer von Lankaster, der Graf von Oxford, in den Fesseln, worin König Eduard ihn auf dem Schlosse von Hames gefangen hielt. Schon die Dankbarkeit für seine Treue gegen Lankaster forderte, daß man alles aufbot, ihn zu befreien. Vignoles lebte mehrere Monate in der Gegend von Hames, und seine Verbindungen mit dem Befehlshaber des Schlosses und dessen Leuten belehrten ihn über die Ausführbarkeit eines verwegnen Gedankens. Oxford und andre Gefangne hörten an Festtagen, zwar mit Fesseln an den Händen, doch ohne gegenwärtige Bedeckung, die Messe in einem Zimmer nahe an der Kapelle. Vignoles bestach den Priester, daß er statt des Evangeliums ihnen einen Bericht in lateinischer Sprache hielt über die Mittel und die Art ihrer nahen Befreiung. Sogleich entledigten sie sich einander ihrer Bande. Vignoles und Lee warteten schon auf sie mit Schwertern und Feuergewehr unter den Mänteln. Damit bewaffnet überfielen sie den Befehlshaber und die Wache, und die Bestürzung derselben schützte ihre Flucht. König Eduard beschwerte sich bei Ludewig dem Eilften von Frankreich über Margaretha's Theilnahme an diesen Anschlägen, und erhielt zur Antwort, daß man der Königin nicht verbieten könnte, ihre alten Freunde zu sehn und zu unterstützen.

Vorzüglich Heinrich von Richemont hatte Oxfords Rettung gewünscht, und war über seine Ankunft hocherfreut. Die Brust schwoll ihm immer höher zu einem großen Beginnen, und Margaretha sah ihn zum glücklichen Haupte von Lankaster ganz geeignet, wenn nur seine Leidenschaft für die schöne Katharina Lee überwunden würde.

Sie wandte sich mit ihren Gedanken an dies hochherzige Mädchen, dessen Pflicht gegen sich selbst und den jungen Grafen es sei, ihn durchaus nicht mehr über seine Liebe zu hören. Katharina faßte diesen Entschluß, und der Schmerz des geliebten Jünglings, seine Reisen in ihre Nähe, reich an Merkmalen der unverlöschten Leidenschaft, erschütterten nicht ihre Standhaftigkeit. Aber der Graf von Pembrook, müde, seinen Neffen in Trauer zu sehn, beredete sich mit ihrem Vater, daß die beiden Liebenden insgeheim vermählt werden sollten. Der Dechant von Tour versprach die Trauung zu verrichten, und Katharina hatte sich schon in die Vorstellungen ihres Vaters ergeben, als es ihr unredlich, vielleicht gefährlich schien, das Vorhaben der Königin zu verschweigen. Sogleich zerriß diese das ganze Gewebe. Sie rief den jungen Grafen vor sich in Beiseyn der Geliebten. Auf seine Klagen antwortete sie mit der Frage: ob er bereit sei, im Angesicht von England und Frankreich, für welche seine Heirath nicht gleichgültig wäre, sich mit Katharina zu vermählen? Dann würden ihre Einwendungen dagegen sogleich aufhören. Bestürzt schwieg Heinrich: er hatte diese Frage sich selbst nie ernstlich gethan, und wagte nicht, in Abwesenheit des Grafen von Pembrook zu antworten. Katharina selbst faßte nun Mißtrauen gegen ihn, und ihre Liebe unterwarf sich noch leichter verständigen Rathschlägen.

Während dieser klugen Behandlung ihrer großen Plane für Lankaster im Gemüth dessen, welchem alle Frucht eines glücklichen Erfolgs werden sollte, empfing Margaretha Mittheilungen aus England, wodurch die Aussichten sehr erhellt wurden. Der tiefberechnende Bischof Morton von Ely und der mächtige, doch schwankende Herzog von Buckingham, hatten in vertrauten Ergießungen sich darüber verständigt, daß alle Hoffnung Englands sich von dem blutdürstigen Herzog von Glocester weg und auf Heinrich von Richemont wenden müsse. Nur sei diesem, wiewol sich sogleich die Parthei Lankaster für ihn erheben lasse, doch zu rathen, bis zum nahen Tode des immer mehr verfallenden Eduards nichts zu unternehmen.

Durch einen vertrauten Unterhändler, Jeffreys genannt, einen Edelmann aus Wales, der mit bitterm Haß den Hof verlassen hatte, gaben sie diese Gesinnung der Königin zu erkennen, indem sie den Briefen nichts als die Bitte anvertrauten, daß sie diesem Boten durchaus glauben möge.

Eben derselbe überbrachte auch an Heinrich einen Brief seiner Mutter, die in ihrer zweiten Ehe an den Lord Stanley vermählt war. Obgleich dieser eine hohe Rolle unter der gegenwärtigen Regierung spielte, bestärkte sie doch ihren Sohn in seinem Streben nach der Krone, und flehte ihn nur, nichts verwegen zu beginnen, sondern in allem dem Rath der Königin zu folgen.

In dieser Lage der Dinge war es schwer zu vereinigen, daß Heinrich bis zum Tode Eduards sein Vorhaben geheim halten und doch für dasselbe thätig seyn, sich, selbst nach der Meinung seiner Anhänger, den Schutz Frankreichs sichern sollte. Dazu bedurfte er der Freiheit; und entfloh er aus Vannes: so erregte er schon die Aufmerksamkeit des englischen Hofes, und erbitterte den Herzog von Bretagne, welches seiner Lage wegen der beginnenden Unternehmung so wichtig war.

Margaretha entschied, daß man den Herzog selbst, um alle diese Schwierigkeiten zu vermeiden, in das geheime Verständniß ziehn müsse. Um sicher bei solchem Versuche zu gehn, mußte Vignoles einzig in seinem Namen, einzig über einen Gedanken der Königin, die Eröffnungen anfangen. Der Herzog war eben erbittert gegen Eduard, ihn reizte die Hoffnung, daß er die Grafschaft Richemont, auf welche er Rechte zu haben glaubte, zum Lohn seiner Unterstützung Heinrichs erhalten könne; er versprach Geld, Truppen und Schiffe, als er froh überrascht vernahm, wie weit das ganze Vorhaben schon gediehn sei.

In diese klugen Entwürfe und Rathschläge der Königin stürmte noch einmal Heinrichs Leidenschaft. Jeffreys war von der Schönheit und Sitte Katharina's Lee bezaubert worden, und Margaretha, die es bemerkte, kam ihm entgegen mit dem Antrage, sich mit dem tugendhaften

Mädchen zu verheirathen. Er nahm ihn mit Entzücken auf, und Katharina verweigerte nicht ihre Zustimmung. Aber Lee, unzufrieden, daß er alle Hoffnung, seine Tochter auf dem vaterländischen Thron zu sehn, auf die Art verlor, gab dem Grafen Richemont davon Nachricht. Der leidenschaftliche Jüngling vergaß alle Rücksichten und entfloh aus Vannes, als sein Oheim auch abwesend war, um seine Geliebte mit Vorwürfen zu überhäufen. Ihm folgte sogleich ein Abgeordneter des Herzogs von Bretagne, welcher sein Befremden und seine Empfindlichkeit über diese Flucht, nach den geschehenen Eröffnungen, der Königin darlegen sollte. Diese ließ den Grafen von Richemont vor sich rufen, daß er selbst auf die Frage des Gesandten antworten sollte; und er sagte freimüthig, daß er liebe, und der Herzog leicht die Ursache seines Verdrusses heben könne, wenn er die Geliebte, über welche ihm Recht zustehe, gefälliger gegen ihn mache. Sogleich bezeigte der Abgeordnete den Wunsch, mit der Königin allein zu seyn. Er hatte die Aeußerung des liebenden Jünglings so genommen, als wäre die Rede von der Tochter des Herzogs, und verhehlte nicht seine Meinung, daß Anna von Bretagne dem Erben des englischen Throns wahrscheinlich nicht vorenthalten werde.

Den Irrthum des Gesandten benutzte Margaretha, um ihn für den aufgefaßten Gedanken zu befeuern, und den Herzog noch inniger an die ganze Verbindung zu ketten, zugleich den Grafen von Richemont an die politische Ansicht von dem häuslichen Stande eines Herrschers zu gewöhnen. Alle ihre Kunde des menschlichen Herzens bot sie auf, um ihn zu lehren, was er nachher so sehr bewährt hat, die Tugend der Selbstüberwindung.

Katharina Lee überhäufte sie mit Wohlthaten und Zärtlichkeit. Ihr schenkte sie die besten Ueberreste ihres Glückes, und bat sie, bis zu ihrem letzten Lebenshauch bei ihr zu bleiben. So ward der Königin nach den gräßlichsten Leiden das schöne Loos, daß sie durch ihre Beschirmung des jungen Heinrichs von Richemont eine klare Aussicht gewann, das Ziel ihres Geistes, ihres

Lebens noch zu erreichen, und in ihrem Wohlwollen gegen Katharina noch Befriedigung des Herzens gefunden hatte.

Die Freiheit ihres Geistes und die Güte ihres Herzens leuchteten immer heller hervor, da sie durch keine Leidenschaften mehr verdunkelt wurden, wiewol dies während ihres stürmischen Lebens nur selten der Fall war. Selbst da, wo das Zeitalter den Tribut der menschlichen Schwäche forderte, hatte sie ihn nicht erlegt. Von allem religiösen Aberglauben, von aller Sklaverei gegen das Priesterthum hatte sie sich frei erhalten. Sie errichtete und beschenkte geistliche Stiftungen, doch nur als wohlthätige Anstalten für die Gesellschaft; sie befragte, da es allgemeine Sitte war, durch magische Künste auf Andre wirken oder die Zukunft erforschen zu wollen, einmal einen Wahrsager über den Gesundheitszustand ihres Gemahls, und glaubte ihm, weil seine Aussage ihren Wünschen entsprach; als aber eben derselbe im Schicksal ihres Sohns ein Gewebe von Unglück sah, forschte sie nach dem Zusammenhang zwischen seinen Zeichen und der Zukunft, und behandelte ihn mit der herbsten Verachtung.

Einzig durch die Kraft ihres Geistes und Herzens ward sie jetzt emporgehalten; denn ihre äussere Lage war sehr drückend. Nie zahlte ihr Ludewig der Eilfte ihr Jahrgeld mit Ordnung oder vollständig aus; sie mußte oft durch die Großmuth von Vignoles leben. Dennoch fand sie Mittel, die wenigen Britten, die sich nicht von ihrer Person trennen wollten, zu ernähren; dennoch unterstützte sie Heinrich von Richemont in seiner dürftigen Lage.

So stark sich ihr geistiges Seyn aus dem stürmevollsten Leben gerettet hatte, erlag ihre körperliche Kraft den immer von neuem unterwühlenden Schmerzen. Jährlich schickte sie jemand nach Britannien, der ein Todtenopfer auf den Gräbern ihres Gemahls und Sohns darbringen mußte. Das gräßliche Schicksal hatte eben ihr Mutterherz so zermalmt, daß keine Genesung möglich war. Alle ihre Säfte waren durch die Gewalt widerstreitender Gefühle vergiftet; ihre Augen verloren das Feuer, wodurch sie sonst geherrscht hatten, und senkten sich glanzlos tief in die Höhlen; ihre Haut vertrocknete so, daß sie staubähnlich wurde. In ihrem Wesen war noch das ewige Feuer; doch ihr Körper glich einer wandelnden Leiche. Sie erlosch auf dem Schloß zu Dampierre am fünf und zwanzigsten August 1482.

Aber nicht dieser Tag war es, an welchem ihr Leben vollendet wurde: es geschah am Tage der Schlacht zu Bosworth, zwischen Richard dem Dritten von England und dem Grafen Heinrich von Richemont.

König Eduard starb, nachdem man lange seinen Tod erwartet hatte, und es wurde geglaubt, daß sein Bruder Richard von Glocester ihn vergiftet habe. Er hinterließ zwei Söhne, Eduard und Richard: jener folgte ihm auf den Thron, ein dreizehnjähriger Knabe. Der Herzog von Glocester bemächtigte sich beider, und ließ sie in den Tower bringen: in der Mitternachtsstunde wurden beide Prinzen durch seine Meuchelmörder in ihrem Bette getödtet. Ihre Mutter, die unglückliche Elisabeth Woodwille, hatte sich, als das Ungeheuer die Knaben raubte, nach Westminsterabtei geflüchtet, und lag dort auf der Erde mit Verzweiflung ringend. Anna Nevill, Tochter des Helden Warwick und Gemahlin des unglücklichen Prinzen Eduard, saß auf dem Thron mit Schaudern, an das blutdürstige, buckligte, hagre, schauerlichhäßliche Ungeheuer, den Mörder ihres geliebten Gemahls, gekettet. Plötzlich fiel es ihm ein, sich mit der Tochter seines Bruders zu vermählen. Mißhandlungen befreiten ihn nicht schnell genug von Anna Nevill: er richtete sie schnell durch Vergiftung hin. Aber mit Schaudern wandte die Prinzessinn Elisabeth, Tochter von Elisabeth Woodwille, sich von dem blutigen Oheim und der Krone, die er darbot, und nie gelang es ihm, diesen Abscheu zu überwinden. Der Durst nach Blut ward inzwischen täglich stärker in Richard, und lechzte, als die großen Verbindungen, die Heinrich von Richemont in England hatte, nicht mehr verborgen blieben. Buckingham wurde gerufen, am Hofe zu erscheinen. Seine Antwort war, daß er zu den Waffen griff, zum Zeichen, daß allenthalben die Anhänger von Lankaster aufstanden. Allein vom Himmel strömten solche Regengüsse, daß über die angeschwollenen Flüsse keine Kriegsmacht gehn konnte. Die abergläubischen Krieger von Wales, hiedurch geschreckt, als zürne der Himmel dem Vorhaben, auch durch einbrechende Hungersnoth, zerstreuten sich, und Buckingham, verrathen und gefangen, starb durch die Hand des Nachrichters mit vielen andern. Heinrich von Richemont war durch Sturm verhindert, zur rechten Zeit an der englischen Küste zu landen: als er dort erschien, vernahm er die Niederlage seiner Anhänger, und schiffte zurück nach Bretagne.

Glücklicher war sein zweites Erscheinen in England, als er mit zweitausend Mann an der Küste von Wales landete, indem König Richard, der nicht wußte, auf welchem Punkt ihn die Gefahr bedrohe, in der Mitte des Reichs bei Nottingham seine Macht zusammenzog, um nach allen Seiten zum Kampf fliegen zu können.

So wie Heinrich aufwärts zog, stiessen kriegerische Schaaren seiner Anhänger zu ihm, und er zählte sechstausend Mann in seinem Heere, als er bei Bosworth nahe bei Leicester auf Richard stieß, der noch einmal so stark war.

Siebentausend Mann hatte Lord Stanley, scheinbar treuer Feldherr des Königs, aber durch seine Gemahlin, die Mutter Heinrichs, diesem geneigt, unter seinem Befehl zusammengezogen, und stand mit ihnen in der Nähe des Schlachtfeldes. Er durfte seine wahre Gesinnung nicht blicken lassen, denn sein Sohn war von dem Tyrann als Unterpfand seiner Treue zurückbehalten worden. So verdächtig seine Stellung bei beginnender Schlachtordnung war, mußte Richard seines eignen Heeres wegen den Argwohn verbergen.

Heinrich von Richemont, begleitet von seinem Oheim Pembrook, führte die Mitte des Treffens an; den Vortrab der Graf von Oxford. Bald nach Beginn der Schlacht rückte auch Stanley auf das Schlachtfeld und erklärte sich für Heinrich von Richemont. Richards Heer zagte, er selbst nicht. Wuthschnaubend rollte er den Blick über das Feld und suchte den Nebenbuhler. Als er ihn entdeckte, warf er sich in die Streiter, ihm nahe zu kommen. Er schlug Alles vor sich nieder, er tödtete den Fahnenträger Heinrichs, den Ritter, welcher dessen Stelle einnahm; er war dem Prinzen nahe, ihre Waffen blitzten gegen einander. Da drang Stanley ungestüm ein und umzingelte das Ungeheuer, welches mit einem gräßlichen Schrei sich in die Mitte der Feinde stürzte, und mit Wunden bedeckt unter Feinden, die es erschlagen hatte, das Leben ausstieß.

Die Krone, welche Richard in der Schlacht getragen, um besser erkannt zu seyn, und im Getümmel verloren hatte, ward gefunden und von Lord Stanley auf das Haupt des Grafen von Richemont gesetzt. Heinrichs des Siebenten glorreiche Regierung begann, und das Haus Lankaster fürchtete keinen Nebenbuhler mehr. An diesem Tage, dem zwei und zwanzigsten August des Jahrs 1485 ward vollendet, was Margaretha's Geist entworfen hatte: er schloß eigentlich ihr Leben.

Albrecht von Wallenstein.

Es giebt Geister, die nur an sich glauben, und jede Einwirkung von andern auf ihre Eigenthümlichkeit mit Stolz von sich weisen. In frühster Jugend zeigte sich als einen solchen Albrecht von Wallenstein *). Als Knabe lernte er wenig, weil er nach fremder Willkühr unterrichtet werden sollte, und die Stimme seines Vaters galt nichts bei ihm, weil sie seiner Natur nicht entsprach. Er schuf sich eigene Ideen, und vollführte sie mit unerschütterlicher Kraft. Drohungen und Strafen, statt ihn zurückzuschrecken, fesselten ihn inniger an seine Entwürfe. Ungebändigt im väterlichen Hause, fühlte er sich in einer öffentli-

*) geb. zu Prag 1583. Sept. 14.

chen Lehranstalt *) noch stärker, denn unter seinen Mitschülern war er bald Anführer der Partheien. Er schuf sie unter den Knaben, und stellte sie gegen einander, wie nachher die Mächte des dreißigjährigen Krieges. Gegen die Lehrer führte er sie an, wie später als Mann das kaiserliche Heer gegen den Kaiser. Gänzlich fessellos stürmte er umher, als er auf die hohe Schule von Altorf geschickt war. Keine Wissenschaft hatte ihn gefesselt; er mußte seine Kraft in Ausschweifungen vergeuden; aber selbst in ihnen zeigte der Jüngling noch mehr Härte als Kühnheit.

Er ward an den Hof zu Inspruck als Edelknabe des Markgrafen Karl gebracht. Eingeschlummert am Fenster stürzte er aus dem dritten Stockwerk des Schlosses hinab, ohne beschädigt zu werden. Sein Geist liebte es, sich als einen besondern Günstling des Geschicks zu betrachten, und dieser Vorfall beredete ihn leicht

*) zu Goldberg in Schlesien.

zu einer solchen Ueberzeugung. Auch bewirkte er, daß Wallenstein, in der evangelischen Religion erzogen, und bis jezt von den Lockungen katholischer Priester nicht gereizt, nun zur katholischen Kirche übertrat. Die Plane des Ehrgeizes, welche er an seine Prädestination knüpfte, wurden in seiner gegenwärtigen Lage mehr durch den katholischen als den evangelischen Glauben begünstigt.

Ihm ward jezt die Gnade seines Hofes; aber hinausstrebend über den engen Kreis desselben, sehnte er sich, fremde Länder und Völker zu sehn. In den vorzüglichsten Provinzen Europa's war er seinen Sitten nach wie der Eingeborne, und sein Studium war allenthalben die militärische und politische Kraft der Staaten. Wol überraschte ihn bisweilen der Gedanke, daß Kultur durch Wissenschaften den Gehalt des Lebens in der Welt vermehre, und deshalb versuchte er noch einmal die Schwelle ihres Heiligthums zu Padua zu betreten; aber ein so rastloser Ehrgeiz, wie der seinige, sieht stets die Langeweile im Gefolge der Musen.

Außerdem fand seine Wißbegierde jetzt eine Quelle, aus welcher er alles Göttliche und Menschliche ohne große Mühe zu schöpfen hoffte. Zu Padua ward er in die Geheimnisse der Astrologie eingeweiht. Sein Lehrer, der Wahrsager Argoli, war schlau genug, den Schüler die Erfüllung seiner glühendsten Wünsche, hohen Kriegsruhm, in den Sternen lesen zu lassen. Dennoch versäumte Wallenstein keines der irdischen Mittel, die seine Wünsche befördern konnten, und nie war so tiefe praktische Klugheit mit einer solchen phantastischen Schwärmerei, wie in ihm, vereinigt.

Von der Liebe konnte sein Herz nichts ahnden; die Verhältnisse, welche durch sie entstanden sind, brauchte er für den Ehrgeiz. Der Jüngling vermählte sich mit einer alten Wittwe in Mähren wegen ihrer großen Reichthümer. Ein Liebestrank, den sie ihm eingab, sollte seine Natur zur Liebe zwingen. Noch hatte er selbst die Todesgefahr, die daher entstand, nicht überwunden, als ihr Tod ihn ganz an das Ziel seiner Heirath führte. Kinderlos, war er nun im vollen Besitz aller ihrer Reichthümer.

In einem Kriege zwischen dem Erzherzog Ferdinand von Steiermark und den Venetianern, welcher eben jetzt ausgebrochen war, machte Wallenstein den zweckmäßigsten Gebrauch von seinem Reichthum, indem er durch ihn und seine Persönlichkeit seinen Kriegsruhm gründete. Zweihundert Reiter führte er auf seine Kosten zu dem Heere des Erzherzogs. Sechs Monate hindurch besoldete er sie. Ueberfluß herrschte in seinen Gezelten und floß auf andere über, wenn Mangel im sonstigen Lager war. Er redete viel von der Tapferkeit und Klugheit anderer Befehlshaber, nie von der seinigen, weil sie die größere war. Sein Ruhm blühte sehr auf, wiewol dieser Krieg kurze Zeit dauerte.

Die Muße des Friedens benutzte Wallenstein, um durch verschwenderische Freigebigkeit und Pracht seines Lebens die Kaiserstadt an sich zu fesseln. Auf seinen Gütern lebte er nur, um für diesen Zweck von Zeit zu Zeit Fülle des Goldes zu sammeln. Durch solche Weise blendete er die schwachen Seelen. Allein sobald er sich mit der Tochter des Grafen von Harrach, des Lieblings von Ferdinand, vermählt hatte, bestätigte dessen Weisheit und Ansehn die öffentliche Stimme, welche Wallensteins Lob verkündete, ein Gewinn, der sich bald in seiner ganzen Größe zeigte.

Ferdinand bestieg beim Tode des Kaisers Matthias die Thronen der Ungarn und Böhmen; Erzherzog Albrecht übergab ihm auch die Regierung Oestreichs; auf die deutsche Krone hegte er gegründete Hoffnung.

Nicht blos die große Macht, welche so in dem Fürsten vereinigt war, dessen Vertrauen Wallenstein besaß, reizte seine kühnsten Hoffnungen, sondern vorzüglich der Umstand, daß sowohl in den innern und äußern Verhältnissen dieser Staaten, als auch in Ferdinands Gemüth vielfacher Stoff zu nahen Kriegen lag.

Durch den Riß, welchen die Lehre Luthers in die Hierarchie gemacht hatte, waren die meisten europäischen Staaten mehr oder weniger aufgelöset worden; aber das deutsche Reich und Böhmen hatten die gewaltigste Erschütterung erfahren. In beiden war der eigentliche Heerd der Reformation gewesen, und Ferdinand, ein kühner, doch vorsichtiger Liebling und Beschützer der Jesuiten, hielt es für seinen höchsten Ruhm, jeden Funken der neuen Glaubenslehren zu ersticken. Schon während des Lebens seines Vorgängers hatte er dahin gestrebt, in Deutschland den Religionsfrieden, in Böhmen den Majestätsbrief zu vernichten.

In Hinsicht auf diesen letzten Zweck wurden sogleich für und wider die Waffen ergriffen. Ungewiß war, in wiefern die evangelischen Reichsstände sich in diesen Krieg mischen würden; aber die Schlesier blieben treu verbunden mit den Böhmen. In Oestreich selbst erhoben sich viele Stimmen der Evangelischen für die Glaubensbrüder in Böhmen; ihr stiller Anhang daselbst war furchtbar. Als der Lenz des Jahrs sechszehnhundert und neunzehn anbrach, standen Böhmen und Schlesier bewaffnet an der östreichischen Grenze, und nicht lange, so forderten auch die Lausitz und Mähren Religionsfreiheit von dem unerbittlichen Ferdinand. Dieser trotzte mehr, wie auf Spaniens Beihülfe und der katholischen Reichsstände und eigene große Macht, auf die Kraft seines Gemüthes.

Einem solchen Fürsten schloß Wallenstein sich gern an, wiewol ihm eben so wenig, als diesem viel, an der Religion lag. Da reizten ihn wenig die glänzenden Anträge der Böhmen, sich zu ihnen zu gesellen, und gern erklärte er die Utraquisten für Empörer, weil seine ehrgeizige Hoffnung es gebot.

Vergebens suchte er die Verbindung der Stände in Mähren mit den Böhmen sogleich zu vernichten. Selbst die Hauptstadt Olmütz, worin er als Oberster mit seinem Regiment lag, sah er sich gezwungen zu räumen, und nur die Klugheit, womit er die Geldsummen, die in der Festung bewahrt wurden, für seinen Fürsten rettete, machte seine Erscheinung zu Wien weniger unangenehm.

Von den Böhmen, die vor Wien standen, bedrängt; in Gefahr, den Ruin seines Hauses nahe zu sehen; von seinen nächsten Verwandten, von den meisten seiner Unterthanen verlassen; von vielen derselben bekriegt; erkannte Ferdinand in Wallenstein einen seiner Retter. Tausend Küraßiere hatte er zu dem Hauptheere desselben gebracht, welches Bouquoy anführte. In der Schlacht mit dem vornehmsten Feldherrn der Böhmen, dem Grafen Ernst von Mansfeld, erfochten Wallensteins Reiter den schönsten Lorbeer des Tages; Ferdinand war in Wien gerettet, weil die belagernden Böhmen in ihr Vaterland zurück mußten; mit ihm die östreichische Monarchie.

Kaum aus der drohendsten Gefahr in seinem Erblande gerettet, wandte er jede Kraft an, um die Kaiserkrone zu erringen, und es gelang ihm wirklich; aber zu derselben Zeit erhielt er die Nachricht, daß die böhmischen Stände ihn abgesetzt, und den jungen Churfürsten Friedrich von der Pfalz zum König erwählt hätten. Aller Adel des Landes, der dem östreichischen Hause treu, wurde verbannt: in Mähren bereitete man für Wallenstein ein gleiches Schicksal. In einem solchen Strudel der Zeiten hofte er auf größern Gewinn, als die verlohrnen Güter.

Desto heftiger nun seine Begierde, das erzherzogliche Haus zu vertheidigen. Als Evangelische aus Hungarn, vereint mit dem Fürsten von Siebenbürgen, Bethlen Gabor, entrüstet gegen den Feind ihres Glaubens, König Ferdinand, vor Wien zogen, war es Wallenstein, der in Bouquoy's Heer Wien und den Kaiser zum zweitenmal durch Unerschrockenheit und Klugheit rettete.

In höherem Glanz, nachher von ihm weit überstrahlt, und dann sein bitterster Feind, erschien jetzt ein anderer Retter Ferdinands, der Herzog Maximilian von Baiern, als Anführer des Heers der katholischen Reichsstände, die sich unter dem Namen der Ligue für den alten Geist der Zeiten verbunden hatten. Doch wäre ohne den Leichtsinn Friedrichs von der Pfalz, welcher die Lust des Lebens höher achtete als die Ehre, nie dieser Ruhm auf Maximilian gekommen. Im Rausch der Freude kosete jener noch am schwelgenden Mahle mit den Frauen, als auf dem weißen Berge vor Prag die Schlacht donnerte, worin das Schicksal von Böhmen und seines ganzen Lebens entschieden wurde. Er hatte nicht auf die Einladung seiner Feldherrn gehört, durch seine Gegenwart die Krieger zu begeistern. Ein Flüchtling, rettete er sich kaum aus der Hauptstadt Böhmens, nach der verlornen Schlacht, in welcher, zwar nicht Wallenstein selbst, doch dessen Regiment zu seinem furchtbarsten Feinde gehört hatte.

Die Blutgerichte, welche Ferdinand nun in Böhmen veranstaltete, waren zur Freude Wallensteins, denn sie vergrößerten die Erbitterung zwischen dem Fürsten und seinen Unterthanen; noch mehr die Tyrannei, womit dieser aus den Erbländern seines Hauses nun überhaupt den neuen Glauben verbannen wollte. An Wallenstein wurde die Erhaltung Mährens von dem Kaiser vertrauet.

Nach Friedrichs Flucht schien auf einmal das Feuer wieder erstickt zu seyn; allein durch den Geist der Zeiten war der dreißigjährige Krieg nothwendig geworden. Die Eitelkeit des Pfalzgrafen, durch Böhmens Krone geblendet, hatte einmal den entzündenden Funken in die ungeheuren Brennmaterialien geworfen, die allenthalben aufgehäuft waren. Ueber ihn schnell siegreich, glaubte nun Oestreich auch das Werk der Zeit zertrümmern zu können, welches durch die Reformation erbauet, den Planen des Hauses Habsburg ein entgegenstehender Fels war. Ferdinand erklärte den Pfalzgrafen in die Acht; die kühnen Abentheurer, Herzog Christian von Braunschweig und Graf Ernst von Mansfeld, welche für den unglücklichen Pfalzgrafen und seine schöne Gemahlin sich bewafnet hatten, sahen sich gezwungen, ihre Heere aufzulösen, und lebten dann wie Flüchtlinge in den Niederlanden; nirgends stand auf deutschen Gefilden ein Feind gegen den kaiserlichen Hof oder die katholischen Reichsstände. Aber eben jetzt enthüllten sich die höhern Plane Ferdinands und der katholischen Parthie. Der Feldherr der Ligue war in Verfolgung jener kriegerischen Abentheurer bis nach Niedersachsen gekommen, und nun nicht zu bewegen, von dort weg zu ziehen, wiewohl jeder Feind vernichtet war. Gelang hier der Versuch, die evangelischen Hochstifter wieder in katholische Hände zu bringen, so war ein glücklicher Anfang zu Vertilgung der Reformationsneuerungen gemacht, wenigstens in so fern dieselben den Besitz von geistlichen Ländern auch an Protestanten gebracht hatten.

Von dem Augenblick an, da sich der Plan des kaiserlichen Hofes zu einem solchen Versuch enthüllte, und die niedersächsischen Stände, ihren gewählten Kreisobersten, den dänischen König Christian den Vierten an der Spitze, sich entschlossen zeigten, mit den Waffen diese Absicht zu vereiteln, begann der dreißigjährige Krieg nach seinem eigenthümlichen Charakter: der blutige entscheidende Kampf des alten Geistes der Zeit mit dem neuen.

Um den niedersächsischen Kreis und den König der Dänen von der Bewafnung abzuschrekken, hatte der Kaiser kein Mittel unversucht gelassen; allein die Werber des Königs rührten fleißig die Trommel, und ein bedeutendes Heer floß bald zusammen. Auf sechzig tausend Mann schätzte man die bewafnete Macht Christians und der niedersächsischen Stände. Mit Britten, die der unentschlossene Jakob von England zur Unterstützung seines unglücklichen Schwiegersohns, Friedrich von der Pfalz, endlich sandte, nahten dem Schauplatz des Krieges die verwegenen Abentheurer Graf von Mansfeld und Christian von Braunschweig. Durch das Blut ihrer hingerichteten Brüder waren die Böhmen wenig geschreckt, stark zur Rache begeistert; Bethlen Gabor, Fürst von Siebenbürgen, mußte, selbst wenn er ruhte, als ein Feind im Felde, von Oestreich betrachtet werden; der Türke, als ein überschwemmendes Meer, wenn Habsburgs Gewalt irgend gebrochen war.

Mochte der Feind straks auf Böhmen und

Schlesien zugehn und sich dort mit den Mißvergnügten vereinigen; möchte Mansfeld mit seinen Britten in die Pfalz stürmen, um nach Eroberung derselben Böhmen zu bedrohen; mochte der Gedanke durchdringen, daß man mit vereinter Macht Tilly's liguistisches Heer vernichten müsse, um dann den Kopf hinstrecken zu können, wohin man wollte: immer that es dem kaiserlichen Hofe Noth, daß er eine neue Kriegsmacht aufstellte, unabhängig von der liguistischen, die ohnedies seinen Planen nicht ganz bequem war und von einem baierschen Feldherrn befehligt wurde.

Nur sahen der Kaiser und seine Räthe durchaus kein Mittel, wodurch ein solches Heer geschaffen werden konnte; denn in allen Provinzen der östreichischen Monarchie mochten, wenn neues Ungemach über sie stürmte, eben so viele Arme sich wider, als für den Kaiser, bewafnen.

Auch von luftigen Bildern hoffte man nun Rettung, und das schon verworfene Anerbieten Wallensteins, blos durch seine Kraft seinem Fürsten ein großes Heer aufzustellen, wurde von neuem in Erwägung gezogen.

Die Idee, welche bei Wallensteins Anerbieten zum Grunde lag, war keinesweges neu. Berühmte Anführer hatten schon vorher verwegene Schwärme leicht um sich gesammelt, und wenn nicht vom Solde, welchen sie hier oder dort empfingen, doch von Beraubung der Länder, welche sie überschwemmten, ihre Krieger unterhalten. Graf Ernst von Mansfeld war eben jetzt ein glänzendes Beispiel solcher Anführer. Allein Wallenstein baute ein System auf diese Idee, weil er sie ins Große treiben wollte und mußte, um wieder als Schutzgott des kaiserlichen Hauses auftreten zu können. Versammelte er nur ein so gewaltiges Heer um sich, daß er den Reichsständen und ihren Hülfsgenossen Trotz bieten konnte: so eröffnete sich ihm in Deutschland ein weites Feld für Raubsucht und Ehrgeiz. Funfzigtausend Mann zu Roß und Fuß wollte er werben. Wir haben nicht Mittel, sagten die kaiserlichen Räthe, zwanzigtausend zu werben und zu erhalten, woher dann funfzig tausend? Wallensteins Antwort enthüllte seinen Plan. Mit

zwan-

zwanzigtausend Krieger, sagte er, halte ich die Länder, wohin ich komme, nicht zinsbar; wohl mit funfzigtausend.

Sogleich begann Wallenstein, der zum Oberanführer des zu schaffenden Heeres, und zum Herzog von Friedland ernannt wurde, welche böhmische Herrschaft ihm Ferdinand vorher mit dem Fürstentitel geschenkt hatte, alle schon vorbereitete Werkzeuge spielen zu lassen, um schnell seinen kühnen Gedanken zur Wirklichkeit zu bringen. Zu Muster = und Sammelplätzen wurden ihm einige Kreise in Böhmen eingeräumt. Aber sein Betragen in denselben zeigte sogleich, daß er nur den Kaiser unmittelbar, nicht dessen Länder schonen wolle. Auch sie sollten seiner Willkühr zinsbar werden.

Zwanzigtausend Mann hatte der Hof vorläufig von ihm verlangt, und in kurzer Zeit war sein Heer schon stärker, als die verlangte Zahl. Bewundernswürdiger war es, wie schnell er diese zusammenschwärmenden Schaaren zu einem Ganzen umschuf. Allein er besaß jede Eigenschaft, die dazu erfordert wurde. Seine entscheidendste Klugheit bestand in der Wahl und der Behandlung seiner Officiere; und er konnte sie jetzt ganz ausüben, da er aus eigener Macht die Officiere zu Roß und Fuß ernannte. Nur ihr Verdienst und sein Urtheil über ihre Kraft konnten sie empfehlen, keine andere Rücksicht. Weder des Kaisers Befehle, noch die Bitten der vornehmsten Lieblinge desselben, vermogten hierin das geringste. Ein Edelmann überreichte ihm des Kaisers Willen, wodurch er zum Obersten des ersten ledig gewordenen Kavallerieregiments ernannt wurde. Wallenstein lud ihn zu Tische mit mehreren seiner Obersten. Plötzlich erklärte er, einer von seinen Gästen müsse sterben. Dieser Herr, setzte er dann bitter, auf den Edelmann deutend, hinzu, ist gekommen, eines von Euren Regimentern zu erhaschen. Ihm zu gefallen füge sich doch einer von Euch geschwind ins Grab.

Immer zeigte er sich großmüthig und freigebig gegen seine Officiere, und er schien die Welt nur berauben zu wollen, um tapfre Männer nie von den engen bürgerlichen Verhältnissen gedrängt zu sehen. Gern speiste er in Gesellschaft seiner Officiere, und nie froher, als wenn sie bestäubt aus dem Schlachtgetümmel kamen. In ihrem Kreise konnte sein einsilbiger Argwohn die Farbe der Vertraulichkeit annehmen.

Das Lob, welches er an seine Officiere aus- spendete, ward zu einem vertraulichen Schmei- cheln, wenn ausgezeichnet kühne Thaten geschehn waren. Kosend legte er dann öffentlich seine Hand auf Schulter oder Haupt des Helden, und sagte: Diesem verdanken wir die Ehre des Tages; oder ähnliche Reden. Gern sah er Män- ner von vornehmer Geburt unter seinen Krie- gern; denn eben in ihr fand er einen Antrieb mehr zum Ruhm, und der Glanz hohen Ran- ges wirkte zur Befeuerung der Gemeinen. Aber nie übersah er niedrer Geburt wegen das Verdienst eines Mannes, und er liebte es, wenn dieses bei jener sich selbst sehr hoch achtete. Einen gemeinen Krieger erhob er zum Hauptmann wegen einer ungemeinen That. Dieser dankte dem Herzog nicht dafür, und bekam deshalb ein bedeutendes Geschenk. Der Mann, sagte Friedland, beweist durch sein Schweigen, daß ich das Verdienst und nicht die Person belohne. Nur für Gefälligkeiten braucht man zu danken.

So großmüthig und gerecht er sich gegen seine Officiere betrug, so streng forderte er von ihnen Gehorsam, Disciplin, Unerschrockenheit und Klugheit. Die Feigheit bestrafte er an ihnen nicht nur mit Verachtung, sondern gewöhnlich mit dem Tode. Nichts verzieh er ihnen weniger, als wenn sie gesucht hatten, denen Furcht einzujagen, die ihnen nicht genugsam widerstehn konnten.

Schon durch solche Officiere mußte er die gemeinen Krieger, aus welchen verschiedenen Gegenden sie auch herbeigestürmt seyn mogten, zu einem militärischen Ganzen bilden können; aber unmittelbar durch seine Persönlichkeit wirkte er mehr dazu. Die Gewißheit, daß unter Wallensteins Fahnen dem Mangel nie Raum gegeben werde, kettete alle Gemüther an ihn zu einer Zeit, wo Verpflegungsanstalten für ein Heer mit unbesiegbaren Schwierigkeiten verknüpft waren, und die kriegerischen Schaaren fast wie Räuberhorden sich nährten. Durch seine Freigebigkeit hatte er kaum die Soldaten gewonnen: so bildete er sie durch Schrecken und Furcht. Die Blutgerichte in seinem Lager waren zahllos, und auf folgenlose Unvorsichtigkeit stand Todesstrafe. Dann waren die Worte des Feldherrn: „Laßt mir die Bestie henken!“ das ganze Bluturtheil, welches gehalten wurde.

Aber auch ohne diese Härte würde sein Aeusseres schon Schrecken gewirkt haben. Sein langes Gesicht, worin keine Freude des Lebens, seine kleinen schwarzen Augen, seine hohe Stirn, worauf sich wol Linien durchkreuzten, doch keine Runzeln in einander flossen, seine zusammengesetzte, verschiedenartige Kleidung, welche an die vielen Nationen erinnerte, die sein Ehrgeiz umfaßte, so wie an die Veränderlichkeit seiner Launen: alle diese Eigenthümlichkeiten gaben schon ein schauervolles Bild. Aber furchtbarer drohte noch das Geheimnißvolle aus seiner Gestalt, und wirkte ungemein auf den großen Haufen der Soldaten. Der Argwohn, welcher stets seine Augenbrauen zusammenzog, die Wildheit seiner Mienen bei aller ihrer Kälte, das Zusammengesetzte seiner Kleidung bei der zurückstoßenden Kraft, die aus ihm sprach, bei der starren Einheit in seiner Natur; alles dies vereinigt stellte dem gemeinen Krieger ein unbegreifliches Wesen dar, wenn des Feldherrn hohe Gestalt durch die Gassen des Lagers ging, und er die Zutraulichkeit, womit ohne Ceremoniel der Soldat ihm nahte, eben so sehr gut hieß, als er es ungern litt, wenn seine Krieger ihn scharf und genau ansahen. Er war ein Geist von Kraft und Selbstständigkeit, der nie mit sich ins Reine kam, und daher das Auge fürchtete, das vielleicht seine Schwächen entdecken könnte. Aber eben das unentwickelte Genie ergreift den rohen Haufen kräftiger als das vollendete.

Mehr als alles übrige wirkte auf den Geist von Friedlands Heer und für seine künftigen Entwürfe der doppelte Umstand, daß er dasselbe auch in den kleinsten Sitten, bis auf die Weise des Trommelschlägers herab, ganz nach seiner Laune einrichtete; und daß er im eigentlichsten Sinn aus seiner Armee einen militärischen Staat machte, der den ganzen bürgerlichen Staat mit Füßen treten sollte. Nichts schmeichelte seinen Kriegern, sowohl den Vornehmern als den Geringern, so sehr, als daß er die höhere Gewalt, an welche auch ihr Daseyn geknüpft seyn sollte, gänzlich verlachte. Die kriegerischen Gemüther wurden ihm in dem Augenblick ganz eigen, wenn er bei Ankunft eines kaiserlichen Kriegsbefehls sich spöttisch gegen die Ueberbringer mit den Worten verbeugte: wieder von müßigen Hofleuten! Welche Langeweile zu Wien! sagt Se. Kaiserlichen Majestät, Sie mögte sich mit der Jagd und Musik belustigen; Soldaten brauchen keine Rathschläge von Hofleuten.

Endlich war in ihm noch ein Zug, wodurch

er in diesem Zeitalter ein Heer eben so leicht versammeln, als stark an sich fesseln konnte. Allenthalben waren während der heftigsten religiösen Gährung verwegene Männer, die entweder für die alte oder für die neue Zeit, aber doch wegen ihres Widerstandes gegen die größere Menge, ihren Heerd verlassen mußten. Wohin sie sonst in Deutschland kamen, gab es ein katholisches oder evangelisches Heer. Wallenstein hingegen bekümmerte sich um keinen Glauben, er fragte nur, ob ein Mann tapfer sei oder nicht, und bei ihm galt nur der Soldat. Das ist überhaupt das Größte in ihm, daß er zu einer Zeit, wo alle Geister für diese oder jene Ideen schwärmten, unangesteckt nur sich und die Plane seines Ehrgeizes im Auge behielt.

Mit schwellender Brust zog er nun auf den eigentlichen Schauplatz des Krieges, schon auf dem ersten Zuge ganz erkennbar in seiner Art, den Krieg zu führen. Zu einer Zeit, wo ein vorbeiziehendes Heer fast eine Wüste hinter sich zu lassen pflegte, durchzog er Böhmen und das

Land der Franken mit einer so strengen Mannszucht, daß der Landmann hinter seinem Pfluge bleiben konnte, und jedes Vergehen gegen ihn den Soldaten den Tod brachte. Aber die Contributionen, die er auch hier ausschrieb, das eigentliche Element, in dem er leben wollte, waren so stark, daß die Bitten des Kaisers um Mäßigung ihm folgten.

Nur eine Schaar von Bauern suchte ihm den Einzug in Niedersachsen zu verwehren; in der Nähe von Göttingen fanden sie den Tod fürs Vaterland. Die ersten niedersächsischen Städte ergaben sich bald. Mit einem Feldherrn, der auf seiner weitern kriegerischen Laufbahn ihm stets entgegenstand, und nahe vor seinem Tode ihm noch die Hand eines Bundesgenossen reichte, mit Herzog Bernhard von Weimar maß er jetzt sogleich seine Kräfte. Achttausend Mann, welche der Herzog anführte, konnten nicht verhindern, daß Wallensteins Schaaren das ganze Stift Halberstadt überschwemmten, dessen Bischof Herzog Christian von Braunschweig war, einer der kühnsten Feinde des Kaisers. Auch das Erzstift Magdeburg war bald in den Händen der Kaiserlichen.

Wallenstein hatte sich nun wenigstens Winterquartiere in Niedersachsen erfochten, und von seinem Hauptquartier zu Halberstadt aus, bedrängte er das eroberte Land mit Ausschreiben ungemeiner Zahlungen. Dennoch konnte sich dasselbe glücklich preisen, daß er an der Spitze des Heeres stand. Andre Feldherrn dieser Zeit verheerten eine eroberte Provinz mit solchem Ungestüm und solcher Raubsucht, daß sie und ihre Krieger bald selbst dem Mangel ausgesetzt waren. Wallenstein hatte den Grundsatz, daß sein Soldat mit dem Bauer in Feindes Lande friedlich zusammen leben, und dieser in seinem nützlichen Fleiß nicht gestöhrt werden müsse. Er hegte ihn nicht aus menschlichen Regungen, sondern weil offenbar, daß der erschöpfte Feind zur Unterhaltung und Bereicherung seines Heeres wenig beitragen könne.

Zu gleicher Zeit war der liguistische Feldherr

Tilly an die Leine vorgedrungen, noch drückender für die Niedersachsen, als Friedland, weil er mit weniger Berechnung der Zukunft raubte.

Noch einmal suchten die niedersächsischen Stände den Frieden zu erhalten. Sie erboten sich, ihre geworbenen Schaaren abzudanken, wenn der Feind sich gänzlich zurückziehe, und die Rechte, sowohl geistliche als weltliche, welche sie in ihren Erbländern und Stiftern schon ausgeübt hätten, ihnen unverletzt zugesichert werden sollten. Nichts wäre Friedlands Planen mehr entgegen gewesen, als Wiederherstellung des Friedens, deshalb waren die Bedingungen, unter welchen er ihr Vermittler bei dem Kaiser seyn wollte, der Art, daß der niedersächsische Kreis durch sie durchaus jeder Laune des Wiener Hofes und seines Feldherrn wäre hingegeben gewesen. Nur wenn er sich gänzlich entwaffnete, seine Freunde von sich liesse, ja sogar verspräche, sich auch künftig nie ohne Einwilligung des Kaisers zu rüsten, sollte er Hoffnung haben, von den feindlichen Heeren befreit zu werden.

Wallenstein wußte recht gut, daß die niedersächsischen Stände die Schmach verabscheuen würden, durch die Annahme solcher Bedingungen nicht nur ihren Kreis, sondern die deutsche Freiheit überhaupt und den neuen Glauben, dem kaiserlichen Despotismus aufzuopfern. Aber eben ihre Weigerung, einen so schmachvollen Frieden anzunehmen, gab ihm einigen Schein, die besetzten Länder mit neuen und größern Contributionen belegen zu dürfen. In diesem Geist ließ er seine Abgesandten die feierliche Erklärung thun, daß er an allem Verderben, welches die Kreisstände durch Aufhaltung oder gänzliche Zerschlagung der Friedensverhandlung herbeizögen, unschuldig seyn wolle.

Je sichtbarer es wurde, daß der Kaiser und seine Feldherren nur auf den Trümmern der reichsständischen Macht und der neuen Religion die Friedensfahne sehen wollten, desto lebhafter betrieb der König von Dänemark seine Rüstung. Er selbst stand bald dem liguistischen Feldherrn gegenüber, an der Weser, indem Christian von

Braunschweig und Bernhard von Weimar sich in Westphalen lagerten, und Ernst von Mansfeld an der Elbe, vielleicht in der Absicht, den Krieg nach Schlesien zu spielen.

Hätte der König der Dänen diese drei zerstreuten Heere in Eine Macht zusammen gezogen und einen starken Schlag gegen Tilly und Wallenstein gewagt; vielleicht wäre derselbe gelungen; aber wahrscheinlicher war, daß Christian nun sogleich erdrückt werden könne, wenn der liguistische und kaiserliche Feldherr, redlich vereint, ihre Kräfte gegen ihn wendeten. Friedland wollte keinen andern an seinem Ruhm Theil nehmen lassen, noch weniger, als zweiter Held auf dem Schauplatz, seine Kräfte aufopfern, um den Ruhm des ersten zu vermehren. Eine Verstärkung von achttausend Mann, die Tilly foderte, verweigerte er gänzlich, und die Ermahnung des Kaisers, daß er den liguistischen Anführer schonend behandeln möge, wirkte weiter nichts, als eine Unterredung beider Feldherrn, und eine Vereinigung ihrer Heere von wenigen Stunden bei

Goslar. Sie schieden erbittert von einander, und ihre Gemüther blieben auf immer getrennt. Desto glühender wünschte Wallenstein eine Gelegenheit sich auszuzeichnen und sogleich als Beschützer der kaiserlichen Erblande zu erscheinen. Mansfelds Eifer, den Weg nach Schlesien zu besetzen, um zu jeder Zeit den Krieg in dasselbe spielen zu können, schien ihm eine solche Gelegenheit zu versprechen. Ein sehr wichtiger Paß für jene Absicht war bei der gegenwärtigen Stellung der Heere die Brücke bei Dessau. Wallenstein hatte sich schon gegen sie hinauf ausgedehnt, und ließ sie durch den Obersten von Altringer besetzen. Vergebens wagte Mansfeld einen Sturm auf die Schanze desselben, (1626. Apr. 1.) vergebens begann er gegen sie eine förmliche Belagerung. Friedland selbst eilte herbei, um hier Lorbeeren einzuärndten. Dem zu sorglosen Feinde verbarg er seine Ankunft mit Hülfe eines großen Gehölzes, welches zwischen ihnen war; unbemerkt zog er auch über die Elbbrücke, die Altringer durch Zelte geblendet hatte. Ohne das noch heran ziehende Volk zu erwarten, stürmte er dann aus dem Lager auf den erschrockenen Feind. Mansfeld führte seine Reiterei gegen die Wallensteinsche, um sein Fußvolk, das sich zurückziehn sollte, zu decken. Allein sie bestand nicht gegen die feindliche, und überließ die Infanterie der Wut derselben. Er verlor dreitausend Todte auf dem Schlachtfeld, und sowohl unter diesen, als den Gefangenen, waren manche seiner tapfersten Obersten.

So schnell in diesen Zeiten ein Feldherr sein Heer zerstreut sah, so leicht floß ihm ein neues zusammen. Mansfeld zog eiligst neue Schaaren an sich, und fühlte sich nach der Vereinigung mit Herzog Johann Ernst von Weimar stark genug, jenen Zweck zu verfolgen, welchen Friedland ihm nicht durch seinen Sieg vereitelt hatte. Nach Schlesien den Krieg zu spielen, blieb sein fester Gesichtspunkt. Fürst Bethlen Gabor von Siebenbürgen war schon in starker Rüstung, um gleichfalls in diese Provinz einzubrechen. Rasch handelnd, vereint mit Mansfeld und dem Herzog von Weimar, mochte er Mähren und Schlesien leicht in große Gefahr bringen.

Daß sich Mansfeld von neuem erhob, hatte Friedland nicht verhindert, wiewohl seine Macht bis auf vierzig tausend Mann angeschwollen war; aber keine Bewegung desselben entgieng seiner Aufmerksamkeit. Sobald er von dem Aufbruch des Feindes nach Schlesien hörte, sandte er fünf Regimenter Reiterei durch die Lausitz nach Schlesien, wo möglich, ihm zuvorzukommen. Mit einem Heere von dreißig tausend Mann folgte er selbst. Ungefähr sieben tausend hatte er an Tilly abgegeben: er hatte zu großen Ueberfluß an Kriegern.

Bis Jablunka war seine vorausgesandte Reiterei immer hart hinter den Schaaren von Mansfeld und Weimar: dort schlugen diese ihre Wagenburg auf, um den Fürsten von Siebenbürgen zu erwarten und dann der ganzen Macht Friedlands die Spitze zu bieten. Als der treulose Bethlen nicht erschien, faßte der Herzog von Weimar den Entschluß, sich wieder nach Schle-

sien

sien zu wenden, indem Mansfeld, noch immer voll Vertrauens auf den Fürsten von Siebenbürgen, nach Hungarn strebte. Bald sah er ein, wie wenig dies Vertrauen Grund hatte; in den Bergstädten, wo seine Kräfte täglich mehr schwanden, mußte er sich vor Friedland verbergen. Die bloße Gegenwart von diesem in Hungarn bewirkte, daß Bethlen sich mit dem Kaiser zu versöhnen wünschte, daß die Türken nur einen Streifzug wagten, und die Flamme der Empörung in Oberöstreich sich wieder legte. Zwar zog Bethlen, vereint mit türkischen Hülfstruppen gegen Wallensteins Heer; aber der Anblick desselben erregte ihm solche Furcht, daß er um einen Waffenstillstand flehte. Nur eine einzige ruhige Nacht wünschte er, um zu überlegen, wie er mit dem Kaiser Frieden stifte. Wohlan, erklärte Friedland; aber die Morgenröthe soll alle Verhandlungen abschneiden. Allein am andern Morgen war der Feind verschwunden. So groß war das Schrecken desselben gewesen, daß er selbst baares Geld im Lager zurückgelassen hatte.

Mit dem fliehenden Fürsten von Siebenbürgen war Mansfelds letzte Hoffnung verschwunden. Vielleicht wäre dies nicht der Fall gewesen, wenn Friedland den Feind verfolgt hätte, und so Mansfeld wieder zu einem freieren Athem gekommen wäre. Doch lag der Hauptgrund, warum jener an keine Verfolgung Bethlens dachte, in dem traurigen Zustande seiner Krieger, welche ohne Gepäck den weiten Weg aus Niedersachsen durch Schlesien nach Hungarn zurückgelegt hatten, und jetzt schon seit einigen Tagen nur Weinbeeren und Obst, kein Brod zur Nahrung fanden. Ruhe war ihnen um so eher zu gönnen, da unter allen Mühseligkeiten man nicht die Klage eines Einzigen vernahm. Wallensteins furchtbarer und hochherziger Sinn ruhte auf seinem Heere. Es ertrug muthig die Drangsale unter dem Feldherrn, unter welchem gewöhnlich Tage des Glücks sein Loos waren.

Die einzige Rettung für Mansfelds Truppen war jetzt, da er sie, ehe der Winter hereinbrach, nach Schlesien sandte, wohin die Verbindung mit dem Herzog von Weimar ihm stets freigeblieben war. Er selbst entschloß sich, über Venedig nach England zu gehn, und den brittischen König, den Schwiegervater des unglücklichen Friedrichs von der Pfalz, zu neuer Anstrengung für denselben zu bewegen. Allein der Tod überraschte ihn in Boßnien; gegürtet mit seinem Schwert, in seinem Kriegskleide, erlag er demselben stehend, auf zwei Officiere gestützt. Ungefähr zu gleicher Zeit starb Johann Ernst von Weimar, indem er die Mansfeldschen Krieger aus Ungarn abführen wollte. Christian von Braunschweig war seit dem Mai dieses Jahrs todt. So traten auf einmal drei Feldherren von dem Schauplatz, deren Art, den Krieg zu führen, Wallenstein ins Große arbeitete, und welche eben darum nicht gegen ihn hatten bestehn können.

Indeß wüteten Hunger und Seuchen in dem Heere des Letzten, und nahmen ihm die Kraft zu jedem großen Unternehmen, welches für den Anführer um so drückender seyn mußte, da sein

Nebenbuhler Tilly über den König der Dänen einen glänzenden Sieg erfochten hatte.

Auch erhoben sich in der Kaiserstadt mehrere Stimmen wider den stolzen Friedland. Den Fürsten von Siebenbürgen, hieß es, habe er unbesiegt entfliehen lassen, die mächtigste Armada habe er um Nichts zu Grunde gerichtet, und muthwillig Schlesien den Plünderungen des Feindes preis gegeben. Die einzige Frucht der ungeheuren Anstrengung und seiner prahlerischen Versprechungen sei der Haß der Reichsstände gegen den Kaiser, und der stolzeste Uebermuth des Feldherrn gegen das erzherzogliche Haus. Man rieth sogar, ihn auf seine Güter heim ziehen zu lassen, und den Oberbefehl in bessere Hände zu geben. Dagegen erhoben sich andre und gehaltvolle Stimmen zu seinem Vortheil. Viele seiner Thaten wären berühmt; von einer Gewalt über die Gemüther der Soldaten, wie die seinige, habe die Geschichte kein Beispiel; indem rings Erschöpfung, könne er nicht blos eine, sondern mehrere Armaden aufbringen. Das schöne Heer, welches er schon ins Feld gebracht, wäre nicht vom Feinde, sondern von eingerißnen Seuchen verzehrt, über welche kein Mensch Gewalt hege. Gefahrvoll sei es, einen so bewunderten Feldherrn zu beleidigen, und leicht mögte dadurch Empörung unter die Kriegsvölker kommen; hielte man dagegen ihn noch an sich, so würde er gewiß bald die weimarschen und dänischen Krieger aus Schlesien vertreiben.

Diese Stimmen wirkten auf den Kaiser, und es ward beschlossen, den Herzog von Friedland zur Wiederherstellung seines Heers auf alle Weise zu unterstützen. Er begann sogleich starke Werbung, weil der Feind in Schlesien immer verwegener um sich griff. Im Frühling des Jahrs sechzehnhundert sieben und zwanzig hatte er bei Neiße vierzigtausend Mann zusammengezogen, wiewol er in viele Plätze ein paar Fähnlein als Besatzung legte. Wie ein Sturm kam er jetzt über die Feinde. Schnell wurden die Vesten und Städte erobert, in welchen die Dänen sich sicher geglaubt hatten; in einem Monate war die ganze

Provinz von den Feinden befreiet, und die meisten feindlichen Krieger hatten, gezwungen oder freiwillig, sich unter Wallensteins Fahnen gestellt. So war seine Art, als Sieger den Feind zu vertilgen, und durch denselben seine eigene Macht zu vergrößern.

Wahrscheinlich hatte Wallenstein auch deshalb die Eroberung Schlesiens beschleuniget, um auf einem andern Schauplatz, wo seine Gegenwart jetzt sehr nothwendig wurde, Lorbeeren einzuärndten. Die Wunden, welche Christian von Dänemark durch Tilly erhalten, waren wenigstens in sofern geheilt, daß eine bedeutende kriegerische Macht sich von neuem um ihn versammelt hatte. Besonders treu arbeiteten für ihn die Herzoge von Meklenburg. Mit einem Heere von ohngefähr dreißigtausend Mann herrschte er zwischen der Weser und Elbe bis nach Brandenburg hinauf. Allein schon im August des Jahrs sechzehnhundert sieben und zwanzig, unmittelbar nach der Eroberung Schlesiens, überströmte Wallenstein das Herzogthum Meklenburg, und in Verbindung mit Tilly drängte er den König der Dänen in seine Provinz Holstein zurück.

Fast schien es, als vergäße der Herzog von Friedland seiner alten Eifersucht gegen den Feldherrn Tilly, um desto sicherer den König der Dänen zu Grunde zu richten. Einen Plan in dieser Hinsicht theilte er dem liguistischen Feldherrn mit. Geschreckt durch die Nähe Wallensteins, und die Furcht, jene Drohungen erfüllt zu sehen, welche derselbe schon aus der Ferne hatte donnern lassen, wandte der König der Dänen gern seine Gedanken zum Frieden. Herzog Friedrich von Holstein sollte ihnen bei dem feindlichen Feldherrn Eingang verschaffen. Allein es lag durchaus nicht in Friedlands Plan, daß jetzt der Friede wieder eintreten sollte, und er that deshalb gegen König Christian solche Forderungen, welche derselbe bei dem geringsten Ehrgefühl, bei der geringsten Klugheit verwerfen mußte. Die Gewalt meiner Waffen, erklärte Wallenstein, verspricht mir die Erfüllung aller meiner Forderungen.

Sogar verband er sich jetzt mit dem liguistischen Heere, doch nur für einen Augenblick, da er einsah, daß er durch seine Macht allein den König der Dänen unterdrücken könne. Er wandte seine Beredsamkeit glücklich an, den liguistischen Feldherrn zum Rückmarsch an die Weser zu bewegen, und nun stieg sein kriegerischer Ungestüm mit jedem Glücke. Das Herzogthum Holstein ward ganz die Beute desselben. Wenn die Wälle der Festen erstürmt waren, schlugen seine Krieger alles Leben vor sich nieder. König Christian rettete sich in die Festung Glückstadt, und bis auf diese und die Stadt Krempe wurde das ganze Holstein von den Kaiserlichen besetzt. Sogleich strebte Friedland noch weiter nach Schleßwig und Jütland; bei Aalborg ergab sich die dänische Macht, welche diese Provinzen hatte vertheidigen sollen. Sowohl die Bewohner von ihnen und Holstein, als auch die Krieger, welche sie beschützen sollten, wurden theils erschlagen, mußten theils zur kaiserlichen Fahne schwören; und die größte Menge ward flüchtig von ihrer Haabe vor dem wüthigen Feinde. Das Meer setzte dem Ungestüm Wallensteins Gränzen, und seiner Natur widerspricht nicht die Sage, daß er vor Unmuth glühende Kanonenkugeln gegen dasselbe habe schleudern lassen.

Seine ehemaligen Maximen, durch den Krieg den Frieden der Länder, in welche er kam, so wenig wie möglich zu stören, schien ihn jetzt gänzlich verlassen zu haben. Nur durch Schrekken und Barbarei wollte entweder sein eigenes Gemüth jetzt herrschen, oder er vermochte nicht mehr, die Rohheit seiner Soldaten streng zu zügeln, und suchte nur, die eigentliche militärische Disciplin noch zu erhalten, indem er ihren Lüsten sonst jede Zügellosigkeit erlaubte. Kalt und trocken antwortete er den dänischen Reichsräthen, welche durch ihr Flehen die Monarchie von dieser Pest befreien wollten. Nur wenn er die Geißel des Krieges schwang, konnten sein Ehrgeiz und sein unruhiges Gemüth sich ein Ziel denken, wiewol sie auch auf der höchsten Stufe des Glücks es doch nimmermehr erreicht hätten.

In seinem Winterquartier suchte er nach eitlem Vorwande, um den Herzog von Pommern und den Churfürsten von Brandenburg zu quälen. Obgleich dieser letzte vorzüglich ein treuer Anhänger des Kaisers war, mußte er doch seine Residenz Berlin von Friedlands Kriegern besetzt sehen.

Zu dieser Zeit scheint es Wallensteins Lieblingsgedanke gewesen zu seyn, die reichsständische Macht in Deutschland wieder abzubrechen, und den Kaiser zum unumschränkten König der Deutschen zu machen. Ohne Zweifel wirkte hiebei die Hoffnung, daß er als Beschützer des kaiserlichen Hofes, je weiter die Sphäre desselben wurde, um so herrlicher erscheinen müßte. In diesem Geiste mißhandelte er die deutschen Reichsstände über alle Beschreibung, und hatte darauf keine Rücksicht, ob sie sich dem erzherzoglichen Hause feindselig oder freundlich bewiesen hätten. Er folgte einzig der Regel, daß er, je mehr Menschen er beleidigte, desto mehr seine Truppen vermehrte: er scheute die Wut keines Feindes, da er dieselben bis auf hunderttausend Mann gebracht hatte. Aber ohne Zweifel hatte auf die Vermehrung seiner Macht selbst der Gedanke Einfluß, daß er, nur durch die ungeheure Größe derselben, sich von seinem eigenen Herrn, dem Kaiser, unabhängig bewahre. Noch hatte er sie durch sein eigenes Vermögen und Brandschatzungen erhalten; aber rastlos redete er von den Rechnungen, die er wegen solcher Erhaltung an den Kaiser zu machen habe.

Durch diese Reden, welche den kaiserlichen Hof schreckten, wollte er einen Wunsch vorbereiten, dessen Erfüllung sein bisheriges System in Hinsicht auf die kaiserliche Macht in Deutschland nothwendig verändern mußte. Er selbst wollte in die Reihe der Reichsstände treten.

Die Herzöge von Meklenburg hatten es für ihre Pflicht gehalten, sich den Forderungen des Kaisers in Angelegenheiten des neuen Glaubens zu widersetzen. Mit dem wankenden Glücke der evangelischen Reichsstände und des Königs der Dänen hatte ihre Treue gegen diesen keinen

Wechsel erfahren. Zu ihrem Unglück fühlte Friedland eine zu große Versuchung, ihr herzogliches Land sein Eigenthum zu nennen. Deshalb sollte an ihnen der Widerstand gegen den Kaiser auf das höchste bestraft werden, und ihr Loos so gänzlich verschieden von dem andrer evangelischer Reichsstände seyn, welche vom kaiserlichen Hofe für gleich schuldig gehalten werden mußten. Wohl konnte man vor Ferdinand verschiedene Gründe bringen, warum eine Schenkung des Herzogthums Meklenburg an den Herzog von Friedland von keiner Politik gerechtfertigt werden müßte. Wohl sprachen einige Räthe des Kaisers, wie gefährlich es sei, solche Fürsten mit den Füßen zu treten, welche mit so vielen ausgezeichneten Familien befreundet wären. Schon vernehme man, wie nicht nur der König von Dänemark, sondern auch der von Schweden, und das churfürstliche Collegium, sich für die geächteten Herzöge verwendeten; ihr Unglück empöre um so mehr alle Reichsstände, je tiefer man sich der Reden Wallensteins erinnere, daß selbst den Churfürsten das Gasthütel müßte abgezogen werden, und in Deutschland der Kaiser so ein einziger König seyn sollte, wie es die Könige von Frankreich und Spanien in ihren Reichen wären. Solche Reden Wallensteins hielte man ohnfehlbar für Gedanken des Kaisers selbst, wenn der Feldherr jetzt durch die außerordentlichste Gnade zum Herzog von Meklenburg erhoben würde. Das höchste, was man ihm gewähren könne, bestehe jetzt darin, daß man ihm die meklenburgischen Lande als ein Pfand für die aufgewandten Kriegskosten einräume, so wenig er wegen derselben eigentlich eine Forderung machen dürfte, indem er durch die ausgeschriebenen Contributionen den Sold für seine Truppen hinlänglich erhoben hätte. Nie sollte man vergessen, daß bei einer genauen Berechnung der Kaiser Forderungen an den Herzog von Friedland zu machen habe. Durchaus sollte man nicht aus der Acht lassen, daß dieser immer weiter um sich greifen werde, wenn man auch jetzt seinem Verlangen sich fügte.

Diejenigen Räthe des Kaisers, welche seiner Person am nächsten standen, priesen dagegen glänzender wie jemals, die ungemeinen Verdienste des Feldherrn, und setzten hinzu, wie nothwendig es geworden sei, durch eine auffallende Härte gegen irgend einen der Reichsfürsten die übrigen von der Widerspenstigkeit gegen den kaiserlichen Hof abzuschrecken.

Vielleicht hätten die Freunde Wallensteins doch nicht gesiegt, wenn Ferdinand, eben in Verfolgung des neuen Glaubens in Böhmen begriffen, nicht von den Jesuiten gehört hätte, welches Verdienst bei Gott es ihm seyn werde, wenn er der katholischen Religion durch die Erhebung Wallensteins zum Herzoge von Meklenburg ein neues Gebiet einräume.

Friedland, der im Grunde seines Herzens die Jesuiten verachtete und haßte, war schlau genug gewesen, ihnen vorzuspiegeln, wie sein Gewinn auch der ihrige seyn werde; und ihren Vorstellungen wich endlich der Kaiser wider seine bessere Ueberzeugung. Außer dem Fürstenthum

Sagan in Schlesien empfing Wallenstein das Herzogthum Meklenburg. Auf einem königlichen Schlosse bei Prag erschien er als regierender Herzog mit bedecktem Haupte vor dem Kaiser.

Als nicht Friedland selbst, sondern Bevollmächtigte von ihm in Meklenburg die Huldigung für den neuen Herzog empfangen wollten, und kaiserliche Commissarien die Stände von ihren alten Pflichten lossprachen, ging eine große Bestürzung durch das ganze Land. Mit hochbetrübtem Herzen, sagten sie, vernehmen wir die Ungnade, in welche unsere Landesfürsten bei dem Kaiser gefallen sind. Wir verdanken ihnen ungemeine Wohlthat; eine biedere Gesinnung haben Kaiser und Reich immerfort in ihnen erkannt.

Sie hofften auf die starke Kriegsrüstung, welche der König von Dänemark fortsetzte. Aber ihrentwegen drang auch Wallenstein darauf, daß man ihm schnell huldigen sollte. Zu Güstrow thaten es die Stände mit schwerem Herzen.

Von jetzt an vergrößerte Wallenstein noch

eifriger seine Heeresmacht, je mehr der Kaiser tröstende Hoffnung auf einen nahen Frieden gab, als stürmische Klagen über die eisernen Zeiten, die Friedland in das Reich brächte, sich von den Fürsten und dem deutschen Volke nach Wien wälzten. In dem allgemeinen Untergange dachte der Herzog nur an seine Größe, und sein Stolz spottete der Ermahnungen des Kaisers zur Milde, welcher durch dieselbe Religion, die ihn zu Grausamkeiten anspornte, auch bisweilen zur Menschlichkeit zurückgeführt wurde; Wallenstein dagegen kannte keinen Gott als sich, kein Gesetz als seine Neigung.

Indem zahllose Stimmen wider ihn tobten und wehklagten, stand er ruhig am Gestade der Ostsee, eine schreckende Erscheinung für den Norden, nach welchem er seinen finstern Blick wandte. Sein Zorn war aufgelodert, als er das Reich des Königs der Dänen nicht so verheeren konnte, wie dessen deutsche Besitzungen. Eine einzelne Ursache, wodurch sein Stolz empört wurde, trieb seine Natur leicht zu großen Planen. Er ließ sich vom Kaiser zum Admiral der Ostsee ernennen, und wünschte jetzt nichts glühender, als vor Kopenhagen zu liegen und es zu beschießen. Aber während dieser blutigen Wünsche entwickelte er sich den großen Gedanken, wie er, im Besitz der Häfen an der Ostsee, den Handel der Niederländer aus derselben verdrängen, und so auch die spanische Linie des erzherzoglichen Hauses an ihrem bittersten Feinde rächen wollte. Dann sollte von den Gestaden der Ostsee her eine ausgezeichnete Handelsverbindung mit Spanien geknüpft werden.

Schnell eine Flotte für diese Zwecke zu schaffen, war unmöglich; aber wahrscheinlich konnte man die Hanse dahin bringen, daß sie durch ihre Seemacht die kaiserliche verstärkte. Der König von Dänemark war ihr natürlicher Feind, und jede Erniedrigung desselben ihr willkommen. Auch war die Verheißung lockend, daß sie allein hinfort den spanischen Handel treiben solle. Einem Grafen von Schwarzenberg ward von dem Kaiser und dem König von Spanien die Unterhandlung mit den Hansestädten aufgetragen. Allein ihre erste Erklärung ging dahin, daß sie die Potentaten, so auf dem Meere mächtig wären, sich nicht zu Feinden machen könnten. Indessen führte Schwarzenberg die Unterhandlungen mit großer Kunst fort, und auf das mächtigste von Friedland unterstützt. Schon verstanden sich mehrere Städte zu dem Versprechen, daß sie ihre holländischen Conföderationen nur noch kurze Zeit verlängern und sich mit dem spanischen Commerz in unmittelbare Verbindung setzen wollten, und Lübeck besonders verhieß lebhafte Theilnahme an einem Seekriege wider Dänemark. Doch plötzlich schrieb Wallenstein an den Kaiser, daß er keinesweges bei der Armada verharren wolle, wenn Schwarzenberg nicht sogleich von der Verhandlung abgefordert würde. Der kaiserliche Hof bequemte sich diesem trotzigen Begehren, und zur großen Verwunderung der Hansestädte war von den Wünschen desselben, die er mit so vielem Eifer betrieben hatte, gar nicht wieder die Rede.

Der König von Dänemark, mit gerechter Besorgniß, daß der Plan, welchen Friedland verfolgte, den gänzlichen Ruin seiner Staaten nach sich ziehn mögte, wandte sich an denselben mit geheimen Anträgen. Es war jetzt der Zeitpunkt in Wallensteins Leben, wo die Erhebung des Kaisers auf den Trümmern der Reichsstände und andrer Mächte, und mittelbar durch sie, seine eigene Größe, nicht mehr sein vorzüglichster Gesichtspunkt war. Seitdem er Herzog von Meklenburg geworden, stand er selbst in der Reihe der Reichsfürsten wider den Kaiser, war er selbst zu einem souveränen Herrscher geworden, dem eine Zukunft dämmerte, worin ihm seine eigene Größe als Nebenbuhlerin der östreichischen erscheinen mogte. Nothwendig war bei dieser Gemüthsstimmung der Wunsch, sich den Besitz von Meklenburg, die Hoffnung auf Pommern, von dessen Fürstenstamm der letzte Sprößling jetzt herrschte, durchaus zu sichern. Dazu konnte die Freundschaft des dänischen Hofes ihm ungemein behülflich seyn, so wie die Feindschaft desselben ihm für immer ein großes Hinderniß in Ausführung seines Planes seyn mußte, vielleicht ihm sogleich sein neues Herzogthum, den Grund seiner künftigen Größe, entreißen konnte. Die freundliche Annäherung des Königs war ihm daher äußerst willkommen. Sogleich zerriß er die Verhandlung mit der Hanse, und Schwarzenberg, dem seine geheimen Absichten nicht unverhüllt geblieben waren, mußte schnell aus seiner Nähe entfernt werden. Ein vortheilhafter Friede des dänischen Hofes mit dem kaiserlichen, von Friedland bewirkt, sollte jenen verpflichten, für die Größe des Feldherrn mitzuarbeiten. Wallenstein setzte also nun sein Interesse schon dem des östreichischen Hauses entgegen.

Auch den Gedanken, eine große Seemacht zu bilden, hielt er jetzt für seine eigene Macht fest. Sowohl zu glücklicher Ausführung desselben, als zum sichern Besitz von Meklenburg und Pommern war nothwendig, daß die vornehmste Stadt des letzten, Stralsund, in seine Gewalt kam. Von ihr aus konnte man die Ostsee beherrschen; abgeschnitten vom festen Lande spottete sie durch ihre Lage feindlicher Landmacht; der König der Schweden, welcher schon drohte, als Beschützer seiner evangelischen Glaubensgenossen in Deutschland aufzutreten, konnte in Stralsund einen sichern Punkt finden, von welchem aus er seine Unternehmung beginnen mogte.

Mit Klugheit und Muth hatten die Bürger Stralsunds jedem Ansinnen Wallensteins, seine Krieger in die Stadt aufzunehmen, bisher widerstanden. Selbst jede Treulosigkeit seiner Befehlshaber war vereitelt worden. Er beschloß die äußerste Gewalt. Dem Feldmarschall, Johann Georg von Arnheim, einem eifrigen Lutheraner, vertraute er die Belagerung, durch welche Wahl er vielleicht den Bürgern andeuten wollte, daß für ihre Religion keine Gefahr obwalten werde.

Männlichen Sinnes trafen die Stralsunder jede kluge Maaßregel zur Vertheidigung; ihre Kostbarkeiten, ihre Weiber und Kinder sandten sie zum Theil nach Schweden und in befreundete hanseatische Städte.

Durch milde Unterhandlungen täuschte sie Arnheim, und stürmte während derselben in einer Nacht auf zwei Schanzen der Stadt. Die wenigen wachenden Bürger wurden zurückgeworfen. Aufgeschreckt durch den Donner des Geschützes strömten die Einwohner durch alle Gassen zu den Wällen. Die Nacht über dauerte der blutigste Kampf fort. Bei anbrechendem Morgenroth sahn die Bürger ihre beiden Schanzen wieder erobert, und eine große Zahl todter Feinde umher.

Ihr Muth wuchs höher, als Gustav Adolf von Schweden ihnen Pulver sandte, und sie sicher hoffen durften, daß er sich nicht ihrer Bitte um Krieger, Geschütz und Geld entziehen werde. Doch kam frühere Hülfe jeder Art von dem dänischen König, und der Muth der Bürger stieg durch das Glück, womit sie die wütendsten Angriffe abschlugen und Niederlagen unter dem Feind anrichteten, bis zur höchsten Begeisterung.

Unterdessen war Friedland abwesend in Prag,

wo ihn die Kunde von dem schlechten Fortgange der Belagerung mit Bitterkeit erfüllte. Hier erschien ein Abgeordneter der Stadt Stralsund, um von dem harten Feldherrn Frieden zu erbitten; aber nach einem Harren von zehn Tagen ward er kaum vorgelassen, und vernahm die rauhe Rede des Herzogs, daß er bald selbst vor Stralsund seyn und nicht von dannen gehen werde, als bis es kaiserliche Besatzung eingenommen habe. „Will es sich nicht beugen vor unsern Waffen: so wird es von der Erde vertilgt werden, wenn auch hunderttausend Mann, und ich selbst, dort ihren Tod finden."

Traurig schied der Abgeordnete von ihm; aber auf der Reise von Prag nach Pommern sah sich Friedland von ihm zu Prenzlow ereilt, und empfing aus seiner Hand einen geschriebenen Befehl des Kaisers, daß Stralsund von der Besatzung frei seyn und die Belagerung sogleich aufgehoben werden solle. Da sprach der Herzog die zornigen Worte: „Wäre eure Feste mit eisernen Ketten an den Himmel gebunden: ich risse sie herunter."

Ehe Friedland vor Stralsund ankam, sandte der großmüthige Gustav von Schweden der Stadt die ersehnte Hülfe. Durch seine Einmischung ward der Geist der Eintracht, welcher aus ihr zu weichen drohte, festgehalten. Desto höher stieg Wallensteins Grimm über dieselbe, und er drohte, daß er die Schweden wieder aus Deutschland peitschen wollte. Am Tage seiner Ankunft vor der Stadt gab er Befehl zum Sturm in der folgenden Nacht. Allein er ward von den tapfern Bürgern und ihren Bundesgenossen so kräftig zurückgeworfen, als er anfangs glücklich vordrang. Jeder folgende Angriff ward gleichfalls abgeschlagen. Zwölftausend Krieger Wallensteins hatten ihr Grab vor Stralsund gefunden, und ihre lebenden Brüder weigerten sich durchaus, noch länger die Wälle der Stadt zu bestürmen. Sie holten, sagten sie, vor denselben gewiß ihren Rest. Für alle Anstrengung hatte Friedland nichts, als Schmälerung seines Ansehns bei den Soldaten, und die gewisse Aussicht, daß er die Feste durch keine Gewalt erobern werde. Schwedische und dänische Hülfe mogte ihr nie entstehn. Er mußte sich glücklich preisen, wenn er nur auf irgend eine Art seine Schmach decken konnte. Dies wollte er durch einen Vergleich, welchen er mit Herzog Bogislav von Pommern über Stralsund schloß *). Es fehlte diesem Vergleich nichts, als der Beitritt der Stadt selbst, und mit ihm Alles. Auch ging Wallenstein sogleich nach Meklenburg, ohne die Erfüllung des Vertrags zu erwarten. Aber seine Truppen machten nach seinem Abzuge noch einen Versuch, der Stadt durch Hinterlist sich zu bemächtigen, und das Blut, welches deshalb noch vergossen wurde, rechnete Friedland den Bürgern und selbst dem Herzog an. „So ehrliche Kavaliers, schrieb er an diesen, als in der kaiserlichen Armee, welche allezeit ihr Wort erfüllten, würden nirgends leicht zu finden seyn. Der Stralsunder meineidiger, leichtfertiger Sinn sei schuld an dem Unglück und der Verzögerung

*) 1628. Jul. 14.

des Abzugs der kaiserlichen Truppen, wiewol es allerdings einige Zeit koste, die Kanonen aus den Batterien zu gewinnen, und eine Belagerung aufzuheben; eine Armee zu bewegen, nicht sei, wie eine Kutsche anzuspannen, um spatzieren zu fahren."

Die verunglückte Belagerung Stralsunds war für Wallenstein um so herber, weil eben jetzt der König der Dänen mit neuer Kriegsmacht ihn bedrohte, welche von den Kaiserlichen wahrscheinlich vom Lande gänzlich wäre abgewehrt worden, wenn sie im Besitze jener Stadt gewesen. Bei Wolgast verschanzte sich der König, in der Hoffnung, daß nächstens schwedische Hülfe zu ihm stoßen werde. Darum eilte Friedland, mit ihm zu schlagen. Die dänischen Schanzen waren kaum angefangen und noch mit keinem Geschütz versehen. Dennoch ward die Wut zurückgeschlagen, mit welcher Wallensteins Krieger sie anfielen. Beim zweiten Sturm drangen sie hinein, und wurden mit blutigem Verlust wieder hinausgeschlagen. Der Feldherr wütete gegen seine

Soldaten, die keinen Muth zeigten, zum drittenmal zu stürmen. Es fehlte den Dänen an Kriegsmunition: ihre Kugeln waren zu groß für ihr Gewehr. Ehe sie dieselben zerschnitten, konnte der Feind mächtig auf feuern. Dies entschied beim dritten Sturm. Nach einer gänzlichen Niederlage *) schiffte der König der Dänen sich ein und sann auf der Flucht, durch welche Mittel er den Frieden gewinnen möge.

So froh Wallenstein über diesen Sieg, so erbittert war er über die Nachricht, daß sich Stralsund ganz in schwedischen Schutz begeben hatte, indem die Dänen es räumen mußten, welche offenbare Feinde des Kaisers waren. „Ich sähe lieber, sagte Friedland, einen offenen Feind und Reichsfürsten, nämlich den König in Dänemark darinnen, als einen simulirten Freund. Der König in Schweden sollte in seinem Reiche bleiben; es sollte ohne ihn wohl Friede im römischen Reiche gemacht werden.“ Eine zweite

*) 1628. Aug. 22.

Belagerung Stralsunds, die er nun begann, war fruchtlos wie die erste.

Die einzige Stadt ausgenommen beherrschte Wallenstein, als er im Jahr 1628 sein Heer in die Winterquartiere legte, Pommern, Meklenburg und Holstein. Seine Idee, sich an der Ostsee einen mächtigen Staat zu bauen, welcher eine große handelnde Macht werden sollte, befeuerte ihn von neuem mit dem Wunsch, durch einen Frieden mit König Christian sich denselben zum Freunde zu machen. Von der dänischen Seemacht, so lange sie gegen ihn feindlich, ward jeder Anfang einer Flotte, welche Friedland auf der Ostsee schaffen wollte, leicht vernichtet.

Seine Erklärung gegen den Kaiser, daß ohne die Entfernung eines so mächtigen Feindes, wie der König der Dänen, es kaum möglich seyn werde, die einheimischen Feinde in Deutschland zu unterdrücken, und daß troz den Siegen über Christian es doch ungewiß sei, wer von ihnen zuletzt die Palme tragen werde, stimmte leicht des Kaisers Gemüth zum Frieden. Wallenstein bekam von Ferdinand die Vollmacht, ihn mit dem König der Dänen zu schließen: der Herzog von Baiern, dessen Beistimmung zu diesem Friedensgeschäft nach seinem Verein mit dem kaiserlichen Hofe nothwendig war, gab eine gleiche Vollmacht an den liguistischen Feldherrn Tilly.

Beide erließen vereint von Güstrow aus ein Schreiben an den Kaiser, worin sie die Nothwendigkeit, mit Dänemark Frieden zu haben, mit den stärksten Farben schilderten. Mehrere europäische Mächte würden sich bald mit Christian verbinden; die alten Erbfeinde der Macht Habsburg würden allenthalben aufstehn; die Empörung, die in den kaiserlichen Staaten durchaus unter der Asche fortwüte, würde zur Flamme werden; dem Herzen der östreichischen Macht würde das Verderben nahe kommen, indem der König der Dänen sicher sei, daß sein Reich, welches die Fluten schützten, von keinem Feind erobert werden könne. Man solle ihm daher alle verlorne Provinzen zurückgeben, die er bei dem geringsten Kriegsglücke doch wieder erobern würde.

Ferdinand ließ sich gern diese Bedingung gefallen, und der König der Dänen fand sie so vortheilhaft, daß er seiner treuesten Bundesgenossen, der Herzöge von Meklenburg, vergaß. Sie blieben dem Friedensstifter Wallenstein aufgeopfert, welcher in dem Eifer, diesen geheimen Zweck zu erreichen, sogar den Krieg überhaupt, das Element, worin er lebte, dem Kaiser als das finsterste Unglück darstellte.

Wallenstein ward nun förmlich vom Kaiser für sich und seine Agnaten mit dem Herzogthum Meklenburg belehnt, so stark die Churfürsten und andere Stände, und selbst einige Räthe des Kaisers für die flüchtigen Herzöge sprachen, so unbezweifelt es war, daß der Schwedenkönig lieber die Waffen ergreifen, als sie aufgeopfert sehen werde, zumal da Friedland alles gethan hatte, ihn zu erbittern. Dem polnischen König Siegmund, der Gustav Adolfs Krone sein Eigenthum nannte, hatte er Hülfstruppen gesandt; schmähend wies er die schwedischen Gesandten hinweg, welche an der Friedenshandlung mit Dänemark

Theil nehmen wollten; an den dänischen Hof ließ er den Antrag ergehn: „weil er entschlossen sei, den König in Schweden auf der Ostsee zu dämpfen: so wolle Dänemark mit seinen Kriegsschiffen helfen.“

Die Antwort des Königs, daß nur er und Schweden Herrschaft auf der Ostsee übe, und es dem übel bekommen möge, welcher etwas widriges dagegen wolle; die Vermehrung der Schweden in Stralsund bis auf neun tausend Mann; und die allgemeine Wehklage Deutschlands über die Barbarei und Habsucht seiner Soldaten, machten Friedlands Gemüth immer wilder. Er selbst erpreßte allenthalben die ungeheuersten Summen; seine Officiere wollten die Rolle ihres Feldherrn im Kleinen spielen. Wohin ein Schwarm seiner Soldaten kam, brachten sie alle Laster mit: weil sie selbst ihr Leben als einen flüchtigen Raub ansehen mußten, so sollte jeder Tag den Genuß eines ganzen lasterhaften Lebens in sich fassen. Sie schonten das katholische befreundete Land nicht mehr, als das evangelische, und in jeder Strecke, die sie verließen, sah man eine todte Natur und verhungernde Menschen. Sogar, ehe sie in eine Gegend kamen, raubten sich einzelne Einwohner selbst das Leben, um es nicht an die Laster der wilden Banden zu verlieren.

Daß die allgemeine Stimme, wodurch Friedland angeklagt wurde, geringen Eindruck auf den Kaiser machte, geschah vorzüglich wegen der Schlauheit, womit der Feldherr den Jesuiten schmeichelte. In den besetzten protestantischen Ländern zeigte er sich als den eifrigsten Verehrer der katholischen Religion, und auf seinen Gütern zwang er seine Unterthanen durch jede Grausamkeit zum alten Gottesdienste. Dadurch gewann er die persönliche Zuneigung des Kaisers und die Herzen der Jesuiten, welche denselben umgaben.

Nur eine einzige Hoffnung gab es jetzt noch, den schrecklichen Würgengel der Deutschen gestürzt zu sehn. Sie beruhte auf einer Unterredung, zu welcher die Churfürsten größtentheils

selbst,

selbst, die von Brandenburg und Sachsen durch Gesandte, und der Kaiser, sich nach Regensburg begaben. Auch andre Stände erschienen daselbst.

Ferdinand ward erschüttert, da jetzt gleichsam das ganze deutsche Reich als Kläger wider Wallenstein aufstand, da alle mit Einer Stimme riefen, daß nur durch Friedlands Verabschiedung das gemeine Vaterland aus dem Elend gerettet werden könne. Allein es kostete noch manchen Kampf, ehe sich der Kaiser an diesen Gedanken gewöhnte. Selbst solche Winke, daß Friedland einst seine eigne Größe auf dem Ruin des erzherzoglichen Hauses bauen könne, sparte man nicht, um ihn zu bestimmen. Am schlausten berechnete Churfürst Maximilian von Baiern, wodurch die Entfernung Wallensteins von dem Heere, von Ferdinand erhalten werden könnte. Dieser hatte den Wunsch geäußert, daß sein Sohn zum römischen König erwählt werden möge. Maximilian sprach am heftigsten dagegen; insgeheim aber gab er zu verstehen, daß die Erfüllung dieses Wunsches doch wol nahe seyn möge, wenn der Kaiser die Verabschiedung Wallensteins bewillige.

Endlich erlag Ferdinand, aber mit einer feierlichen Erklärung, die seinen ganzen Widerwillen gegen den Schritt verrieth, welchen er that. Er bezeugte vor Gott und der Welt, daß er unschuldig an allem Unheil seyn wolle, womit dieser Tag schwanger sei. Dann wählte er den Hofkanzler Grafen zu Werdenberg und den Kriegsrath von Questenberg, zwei Männer, die bei Wallenstein beliebt waren, daß sie zu dem Feldherrn nach Memmingen reisen, ihn durch alle glimpfliche Gründe zur Niederlegung des Oberbefehls bereden und der kaiserlichen Gnade versichern sollten.

Werdenberg und Questenberg redeten auf der Reise von Regensburg nach Memmingen viel über die Weise, wie sie vor Wallenstein stehn würden. Sie bewunderten ihn, und trauerten deshalb über ihre Botschaft: sie kannten seinen Jähzorn, und waren nicht ohne Furcht. Allein sie wurden auf das höflichste von Friedland empfangen, auf das kostbarste bewirthet. Er war schon unterrichtet, was zu Regenburg geschehen sei. Als die Gesandten auf die schonendste Art ihren Auftrag vollführen wollten, fiel er ihnen plötzlich in die Rede, indem er eine lateinische Schrift von der Tafel nahm. Die Nativitäten Ferdinands und Maximilians waren in ihr beschrieben. „Ihr Herren, sagte er, aus den Sternen könnt Ihr selbst sehen, daß ich Eure Commission gewußt, und daß des Churfürsten aus Baiern Spiritus den des Kaisers dominirt. Daher kann ich dem Kaiser keine Schuld geben; wehe aber thut es mir, daß sich Ihre Majestät meiner so wenig angenommen; ich will Gehorsam leisten."

Er gab den Abgeordneten ein sehr höfliches Schreiben an den Kaiser, worin er um Schutz für seine reichsfürstliche Würde bat. Allein die Churfürsten waren nicht gesonnen, ihn in dem Besitz des Herzogthums Meklenburg zu lassen, und nichts schmerzte ihn so tief, als daß jene

Bitte ohne Antwort blieb. Sogar verlangte man auf dem Churfürstentage, daß er angehalten werden solle, alles zu ersetzen, was er den Reichsständen abgepreßt habe.

Die Abgesandten des Kaisers hatte er fürstlich beschenkt entlassen; Kälte und Gleichgültigkeit gegen sein Schicksal schienen in seinem Innern zu wohnen; nur mit höflichem Dank antwortete er dem König in Schweden, welcher ihm sagen ließ, daß einem solchen tapfern Helden es unmöglich fallen müsse, zu ertragen, wenn seine Aufsetzung Gutes und Blutes für Krone und Scepter des Kaisers so schlecht belohnt würde. Stets wolle er willig seyn, ihm alles Gutes und Liebes zu erweisen.

Wallenstein ging nach Böhmen und lebte auf seinen prachtvollen Gütern und am häufigsten in seinem Pallaste zu Prag, wo er nach Rache dürstend die Hauptzüge seines Gemüths wilder wie je hervortreten ließ. Jetzt stieg sein Stolz am höchsten, da ihm das Glück weniger lächelte. Alle Vertraulichkeit schwand aus seinem Umgange; schwer drang man durch seine Leibwache, durch eine Schaar von Edelknaben und Bedienten zu ihm; von den Kammerherrn, welche die Fremden bei ihm einführten, hatten einige den kaiserlichen Schlüssel getragen. Jedes Talent fand bei ihm königliche Belohnung. Indem er Plane zum Verderben seiner Feinde in seiner Seele wälzte, wuchsen seine Unruhe, sein Argwohn, seine Verschlossenheit und Neugierde auf die furchtbarste Weise. Stets rollten seine Augen im Kopf und suchten Geheimnisse; sein Gespräch ging fast einzig auf Fragen über die Welthändel. Nur leise Töne durften in seine Nähe kommen; weit um seine Wohnung standen Posten, welche den Nahenden stilles Vorübergehn geboten; kaum war er aus dem Getöse der Schlachten gekommen, und konnte jetzt nicht das Klirren eines Sporns hören. Alle bedeutende Briefe schrieb er selbst; kein andrer konnte ihm seine Gedanken versteckt genug ausdrücken. Selten zeigte er sich außerhalb seiner Zimmer; alle staunten ihn an und zitterten, wenn er hervortrat. Seine Gestalt war sehr hager geworden, wiewol die Kraft der Muskeln noch hervorstrebte; sein schwarzes, kurzgeschnittenes Haar, das sich nur hinter den Ohren in Locken kräuselte, begann schon zu verbleichen; er stützte sich auf ein spanisches Rohr und ging langsam wegen gichtischer Schmerzen. Das goldne Vließ, seine Lieblingstracht, ein Geschenk Philipps des Vierten von Spanien, vermehrte den wunderbaren Eindruck seiner Gestalt.

Am nächsten seiner Person blieb immer der Genueser Seni, ein berühmter Astrolog. Für einen Sold von fünf und zwanzig Thaler monatlich hatte ihn der Ingenieur Pirroni, der viel um Wallenstein war, in dessen Dienste gedungen; aber der Herzog schämte sich einer solchen Besoldung und gab ihm jährlich zwei tausend Thaler. Höchst wahrscheinlich unterhielt Seni Verbindungen zu Wien, zum Nachtheil seines Beschützers: erkauft vom Hofe soll er ihm gerathen haben, den Oberbefehl im Felde aufzugeben. Durch Deutungen der Sterne, in welchen die Verabschiedung Wallensteins als Ursache seines höchsten Glanzes in der Zukunft dargestellt wurde, fesselte er die stolze Seele, in welcher keine Gedanken glühten, als die an Rache und künftige Herrlichkeit.

Wallenstein hatte, um sich bald an dem Kaiser, mehr noch an Maximilian von Baiern rächen zu können, die Vornehmsten seiner Befehlshaber beredet, in die Dienste evangelischer Fürsten zu treten. Weit umher legte er die Verschwörung an, welche den Hof und die Ligue umstricken sollte.

Näher als alle andre Umstände brachte ihn seinen Wünschen, daß Gustav Adolf von Schweden wirklich den deutschen Boden bestieg, und gewisser, als durch den glücklichen Anfang des Krieges, seine Triumphe durch seinen eignen Genius und den Geist seines Heeres vorhersagte.

Friedland sehnte sich nach einer Verhandlung mit dem nordischen Helden, und wandte sich an seinen Schwager, den Grafen Tersika, wegen der Wahl eines geschickten und treuen Unterhändlers. Dieser schlug ihm einen gewissen Jaroslav Sesyna Raschin von Riesenburg vor, und ließ sich dann in Verabredungen mit demselben ein. So wollte es Friedland, daß anfänglich Tersika durchaus nur in seinem eignen Namen handeln sollte. Er verließ sich auf die Treue, nicht so sehr auf den Verstand seines Schwagers. Wohl sagte er: ich wollte vieles darum geben, wenn er so witzig, wie die alte Frau Tersika, oder sie ein Mann wäre.

Sehr mußte die Einleitung einer Unterhandlung mit dem König der Schweden dadurch erleichtert werden, daß der geächtete Graf Matthias von Thurn, einer der ersten Anführer zu Anfang der böhmischen Unruhen, sich bei dem schwedischen Heere fand. Bald geschahen mündlich die ersten Erklärungen Wallensteins und des Königs gegen einander durch den Unterhändler Sesyna. Wollte der Herzog, äußerte Gustav Adolf, auf meine Seite treten: so würde ich jedes Begehren gern erfüllen; er mag es nur eröffnen. „Was mir durch euch entboten worden, sagte dagegen Friedland zu Sesyna, ist mir lieber als die ganze Welt, und alles werde ich dem König zu Gefallen thun, wenn ich die Zeit und Gelegenheit sehn werde. In so wichtige Sachen kann ich nicht plump hinein tappen, hauptsächlich weil sich der König mit dem Churfürsten von Sachsen noch nicht vereinigt hat.

Auf diese Vereinigung rechnete Wallenstein sehr viel, weil er sich von Böhmen mit den Sachsen leicht die Hand reichen konnte, und weil sein ehemaliger Unterbefehlshaber Arnheim in sächsische Dienste getreten war. Der König, äusserte der Herzog in den weitern Unterhandlungen, soll nach der Vereinigung mit Sachsen mir zehn oder zwölf tausend Mann mit dem Grafen Thurn schicken. Dieser hat einen guten Kopf und ist ein gewaltiger Praktikus. Die Armada in Schlesien will ich an mich ziehen, und dann wird Gustav sehen, was wir vollbringen werden. Nach der Eroberung einer Stadt soll er kein kaiserliches Volk abziehen lassen: die Gefangenen sollen das Gewehr, die Fahnen niederlegen und ihm schwören."

Seit Gustavs glorreicher Schlacht bei Leipzig, wo Tilly seinen alten Ruhm einbüßte, bekamen Wallensteins Hoffnungen den kühnsten Schwung. Er wollte nun das Haus Oestreich von Grund aus verderbt wissen. „Ueber den Baier, fügte er hinzu, habe ich auch gar guten Appetit. Ich weiß, daß er seinen Schatz beim Bischofe von Salzburg in einer Festung hat. Der Erzbischof hat seinen Schatz auch dabei; sie sollen mir nicht entgehen."

Friedland erwartete nun zwölftausend Schweden, und mit ihnen einige sächsische Regimenter, damit er des Churfürsten versichert wäre. Doch Gustav konnte jetzt bei Verfolgung Tilly's kaum drei Regimenter entbehren, und der Churfürst von Sachsen, wiewohl man ihn in das Verständniß zwischen dem König und Wallenstein blicken ließ, verweigerte sächsische Truppen.

Allein Wallensteins Freund, des Churfürsten Feldmarschall von Arnheim, rückte mit einer Macht, die für sich bestand, in Böhmen ein, und nahte der Hauptstadt, von Friedland aufgefordert. In Prag herrschte die größte Bestürzung. „Die Hundsfötter wissen nicht, sagte der Herzog, wo sie den Kopf hinstrecken sollen. Ich will ihnen witzig genug seyn; ich habe mehr Witz, als sie alle. Die Krone haben sie schon weggeführt, dies thut aber nichts, ich kann mir eine andre machen lassen.“

Er verließ die Stadt, als die Sachsen nahe waren, um den Verdacht eines Einverständnisses mit ihnen zu vermeiden. Doch hielt er auf der Reise eine lange Unterredung mit Arnheim, und dieser schützte auf dem Zuge, und nachdem er Prag ohne Schwertstreich in seine Gewalt bekommen hatte, Wallensteins Besitzungen durch die strengsten Befehle und Wachen.

Immer siegreicher drang Gustav Adolf bis an die baierische Gränze. Nichts mogte ihn hindern, sich der Hauptstadt der östreichischen Monarchie bald zu bemächtigen, und sich mit den Sachsen in Böhmen zu verbinden. Die Lage des Kaisers war von allen Seiten von Verzweiflung bedroht. Er wollte selbst ins Feld ziehn.

„Tapfer zu sterben, sagte er, ist besser, als schändlich zu verderben.“ Doch war dies mehr eine Aufwallung, als klug berechneter Muth. Nur ein Einziger war in der ganzen Monarchie, der sie retten konnte, der tödtlich beleidigte Wallenstein. Aber ihm das Schwert in die Hände zu geben, da so viele Zeichen seine Treue verdächtig machten, schien fast so gewagt, als mit schwachen Kräften die letzten Streiche des nordischen Königs zu erwarten und einzig dem Geschick zu vertrauen.

Dieser Gefahr, die aus Friedlands Treulosigkeit entspringen mogte, hoffte man einigermassen zu begegnen, wenn man ihm den Sohn des Kaisers, König Ferdinand von Hungarn, zur Seite gab. Sein Vetter, Graf Max Wallenstein, wurde zu ihm auf seine Güter in Mähren geschickt, ihn zur Reise nach Wien zu bereden. „Alles was ich thun kann, äußerte Friedland, ist, daß ich nach Znaim gehe, und dort vernehme, was der Kaiser befiehlt.

Bald erschien der Abgesandte bei ihm zu

Znaim und bat ihn, den Oberbefehl über die kaiserlichen Heere wieder zu übernehmen. Mit den stärksten Farben schilderte er ihm, wie man nur aus diesem Wunsch noch Hoffnung schöpfte, die Monarchie gerettet zu sehn. Auch sollte der König von Hungarn unter ihm die Kriegskunst lernen.

Mit frostiger Miene entgegnete Friedland, wie schmerzlich er des Kaisers Undank für die ungemeinsten Wohlthaten schon empfunden habe; wie er sich jetzt sehne, in Ruhe seine Tage zu verleben; wie er auf keine Weise neben dem König von Hungarn den Oberbefehl führen werde, welches er selbst neben Gott in Ewigkeit nicht wolle.

Schriftliche Bitten des Kaisers, gehaltvolle Vorstellungen des Fürsten von Eggenberg, welchen Wallenstein vor allen kaiserlichen Räthen achtete, bewirkten endlich seine Verheißung, daß er einzig aus Liebe für Eggenberg dem Kaiser binnen drei Monate ein starkes Heer stellen wolle; aber ein andrer Feldherr müsse dann zum

Oberanführer gewählt werden; ihm fromme die Ruhe, und nichts gegen den Feind zu unternehmen.

Znaim war der Mittelpunkt seiner Werbung. Schnell sah er viele seiner alten Officiere um sich versammelt. Rastlos rührten sich seine Werber. Ein Heer von dreißigtausend Mann war binnen drei Monate geschaffen. Nun äußerte Friedland den Wunsch, sich entfernen zu dürfen, und einer neuen Gesandtschaft an ihn verweigerte er jede Hoffnung, daß er den Oberbefehl je annehmen werde. Auch gegen den Fürsten von Eggenberg, der wieder an ihn gesandt wurde, bewies er anfänglich eine gleiche Hartnäckigkeit. Er war mit Grund überzeugt, daß das ganze neugeworbene Heer auseinander stieben werde, sobald er von demselben zurücktrat.

Wenn ein Fürst von Ferdinands Rang, entgegnete ihm zuletzt Eggenberg, sich zu Bitten gegen seinen Unterthan erniedrigt, so können Sie sicher eine scharfe Ahndung auf beleidigende abschlägige Antwort erwarten. Uebrigens habe ich

Vollmacht, daß Sie selbst Ihre Dienste schätzen sollen, die der Kaiser um jeden Preis erkaufen will.

Einen Tag Bedenkzeit forderte Friedland und schrieb die Bedingungen, unter welchen er den Oberbefehl annehmen wolle. Eggenberg las sie mit Erstaunen. Als ewiger Generalissimus des ganzen Erzhauses und der Krone Spanien ohne irgend einen Vorbehalt verlangt er, daß der Kaiser sich nie persönlich bei der Armee finden, keinen Akt der Gnade ausüben, das nöthige Geld zum Kriege ihm auszahlen, und alle seine Erbländer ihm öffnen solle. Als Unterpfand für hinreichende Belohnung wird ihm eines derselben verschrieben; der künftige Friede muß ihm Meklenburg erhalten; und alle Confiskationen im Reich hangen von seiner Willkühr ab.

Keinen Buchstaben wollte Friedland von diesen Bedingungen geändert wissen; die eiserne Nothwendigkeit war sein Bundesgenosse gegen den Kaiser, und dieser unterschrieb seine Entthronung, jene Bedingungen.

Selbst unter ihnen hätte Wallenstein vielleicht den Oberbefehl nicht angenommen, wenn er für die Plane seiner künftigen Größe nicht zu viel von Gustav Adolf gefürchtet hätte. Arnheim verrieth ihm, wie der schwedische Held nach der römischen Krone trachte, und so nahm er denselben sogleich als seinen Nebenbuhler, der mit ihm nach der höchsten Herrschaft in Deutschland, und deshalb die östreichische zu zertrümmern, strebe. Auch hatte ihm die Weigerung des Königs, zwölftausend Schweden nach Böhmen zu schicken, schon gezeigt, wie wenig er auf die unmittelbare schwedische Hülfe bei seinen Planen rechnen dürfe. Ihm blieb nichts übrig, als das östreichische Haus mit den eignen Kräften desselben zu Grunde zu richten.

Er fand sich zuletzt zu Znaim unter vierzigtausend Mann, womit er die Sachsen in Böhmen sogleich erdrücken konnte. Befreien mußte er dies Reich, theils seiner künftigen Operationen, theils des kaiserlichen Hofes wegen; aber zugleich mußte er so handeln, daß sein Hauptplan,

plan, um welchen der sächsische Feldmarschall Arnheim wußte, nicht darunter leiden konnte. Sie wollten den Churfürsten zu einem Separatfrieden bewegen und von Gustav Adolf abziehn. Wallenstein bot alles auf, sich denselben zu verpflichten. Zwei Regimentern Sachsen, die er gefangen genommen, gab er die Freiheit; allein dies rührte den Hof zu Dresden wenig. Der Feldherr wollte nun das ganze sächsische Heer gefangen nehmen, wobei er freilich seinen vertrauten Arnheim selbst hintergehn mußte; denn eine solche Schande durfte der Feldmarschall seines Hofes wegen nicht zugeben, wenn sie gleich ihre Plane beförderte. Er merkte auch die Hinterlist und rettete seine Kriegsmacht nach Pirna.

Böhmen war schnell wieder erobert; aber der Zweck, den Churfürsten von Sachsen vom König der Schweden abzuziehn, auf keine Weise erreicht. Die Hoffnung dazu ward sehr unwahrscheinlich, als die Kunde von neuen Siegen Gustavs kam. Nach dem Uebergange über den Lech wehten seine siegreichen Fahnen in der Hauptstadt Maximilians von Baiern *).

Wallensteins rachsüchtiges Gemüth gewann Heiterkeit, als er seinen bittersten Feind so gedemüthigt sah, und genoß in vollen Zügen der stolzen Freude, daß einzig er denselben noch retten könne. Er zauderte unter mancherlei Vorwand in Böhmen, als ihn der kaiserliche Hof beschwor, sich gegen das nordische Gewitter zu wenden, das sich hart an Oestreichs Gränze verderblich gelagert habe. Endlich verstand er sich zu einer Vereinigung mit der baierisch liguistischen Armee; aber nur unter der Bedingung, daß Maximilian unter ihm stand, sobald sie vereint handelten.

Zu Eger wollten sich beide Heerführer wieder sehen. Aller Augen voll gespannter Aufmerksamkeit wollten ihre Leidenschaften beim ersten Empfang belauschen. Mit schlauer Gewandtheit verbarg der Churfürst seinen Groll, und seine Rede

---

*) 1632. Mai 17.

war, wie ein Gespräch, abgebrochen mit einem vertrauten Freund am vorigen Tage. Friedlands hochschwellendes Herz brach hervor aus seiner Haltung, seinen Zügen; seine Farbe wechselte. Ueber das Vergangne wollte er mit Bitterkeit reden; durch Wendung des Gesprächs verhinderte ihn Maximilian. Seinem heftigen Zorn, seinem Jubel über den gedemüthigten Feind ließ Wallenstein gegen sein Gefolge und in seiner Wohnung freien Lauf, und Maximilian erwähnte des Herzogs auf das ehrerbietigste, wenn man ihm die schmähenden Reden desselben überbrachte.

Gustav Adolf hatte den Churfürsten zur Vertheidigung seiner Staaten zwingen und dadurch von der Vereinigung mit Wallenstein abhalten wollen. Allein nun wandte er sich gen Nürnberg, über welche Stadt Friedland von den böhmischen Gebirgen herab kommen wollte. Sie reizte vor allen die Habsucht und Rachgier desselben. Durch ihre Lage in der Mitte Deutschlands, ihren blühenden Handel, ihre großen Reichthümer, den frischen Muth ihrer zahlreichen Bürger war sie ein wichtiger Punkt für die kriegführenden Mächte. Der evangelische Sinn ihrer Bewohner hatte sie zum Bündniß mit dem König der Schweden getrieben, von welchem sie auch für ihre Unabhängigkeit nichts zu fürchten hatte. Wallenstein wollte an ihr ein Beispiel geben, wie Tilly an Magdeburg, und die evangelische Welt sollte wieder ein Geschrei gegen Gustav Adolf erheben, daß er eine so treuverbündete und wichtige Stadt schutzlos gelassen und der Wut des Feindes preisgegeben habe.

Um seinen Grimm zu besänftigen, sandten die Nürnberger ihm Abgeordnete nach Pilsen. Er wollte nach sechs Tagen sie anhören. In dieser Zeit wurden sie auf seine Kosten prächtig bewirthet, und wie Gesandte der größten Reichsstände behandelt. Mit Huld empfing er sie, als sie vor ihm erschienen. Nachdem sie ihr Beglaubigungsschreiben übergeben hatten, entwickelten sie die Gründe zu ihrem Bündnisse mit dem Schwedenkönig; aber Wallenstein fiel ihnen in die Rede, und entließ sie mit den Worten: „Ich weiß nun die Ursache eurer Gegenwart. Ich will in Person zu euch kommen, die Antwort zu geben, und dann werde ich sehn, ob eure Handlungen euren schönen Briefen entsprechen." Verwirrt kehrten sie nach Nürnberg zurück und verbreiteten dort Bestürzung in allen Gemüthern.

Allein Gustav Adolf versprach der Stadt seinen Schutz mit fester Zusage. Dem wilden Feldherrn in einer Schlacht zu begegnen, war er zu schwach. Bis er seine in Deutschland weit zerstreuten Corps an sich gezogen, mußte er sich durch ein festes Lager vor jedem Angriff sichern. Auch wollte er bis zu seiner Verstärkung Nürnberg nicht unbeschützt lassen. Zu dem Ende bezog er in dessen Nähe ein festes Lager. Die ganze Stadt mit allen Vorstädten schloß er durch seine Linien ein. Dreihundert Kanonen deckten die Wälle des Lagers. Mit zwanzigtausend Schweden stand der Held in demselben. Bürger und Bauern waren bereit mit ihm zu kämpfen, voll Vertrauen auf seine Worte: „Mit Gottes Hülfe werde ich den Friedland von euren Mauern entfernt halten, und er wird eure Häuser nicht sehen, so lange in mir meine Seele lebt.

In verschiedenen Kolonnen waren der Churfürst Maximilian von Baiern und Wallenstein von Eger aufgebrochen, um wider Nürnberg zu ziehn. Verheerung bezeichnete ihre Wege; Flammen stiegen hinter ihnen auf von den angezündeten Dörfern. Selbst in der Oberpfalz zog Friedland mit gleicher Verwüstung einher, und Maximilian mußte dulden, daß seine Provinzen von dem Heere, mit welchem das seinige verbündet war, zu Grunde gerichtet wurden.

Wallenstein wäre auf diesem Zuge beinahe getödtet. Indem er beim Nachtrab in einer Kutsche fuhr, Tersika in einer andern hinter ihm her, fiel ein Schuß und die Kugel ging hart hinter seinem Rücken vorbei. Er hielt es nicht der Mühe werth, nachzuforschen, woher sie gekommen. Diese Kälte und Gleichgültigkeit bei aller Todesgefahr machte ihn den Soldaten sehr theuer.

Zwischen Neumarkt und Freistadt stießen alle Kolonnen wieder zusammen, und er hielt mit stolzer Freude die Heerschau über dreihundert und vierzehn Fahnen Reiter, zweihundert zehn Fahnen Fußvolk, achtzig schwere Kanonen und vier tausend Wagen. Ich will, sagte er, den Schweden in seinem Lager putzen, und in vier Tagen soll man sehen, ob ich oder der König Herr im Lande ist.

Er ging mit seiner großen Kriegsmacht bei Nürnberg vorbei, über die Rednitz, und schlug auf dem alten Berge sein Lager auf, im Gesicht der Stadt, dreiviertel Meilen von den schwedischen Linien. Gustav mit seiner Reiterei zeigte sich, den vorbeiziehenden Feind beobachtend, in Schlachtordnung vor dem Lager; allein Friedland wagte keinen Angriff. „Es sind der Schlachten, sagte er, genug geliefert; es ist nun Zeit, eine andre Methode zu beobachten.“

Vielleicht wollte er seine ungeübten Truppen noch mehr zu Soldaten bilden, ehe er sie gegen Gustavs versuchte Schaaren führte: vielleicht glaubte er, den König und Nürnberg durch Abschneiden der Lebensmittel ins Verderben zu bringen.

Wallenstein hatte gehofft, durch die Reichthümer der Stadt seine gierigen Banden zu bereichern und diesem neuen Heere sogleich einen Vorgenuß zu geben, welchen Gewinn der Krieg unter seinen Fahnen schaffe. Allein jetzt brachten die reiche Haabe, die vollen Kornböden Nürnbergs Ueberfluß zu den Schweden, indessen die unfruchtbaren Gegenden umher ihm sagten, daß in seinem Lager bald der Hunger wüten werde.

Die zerstreuten schwedischen Corps eilten unter ihren tapfern Feldherrn in die Nähe des Königs. Funfzigtausend Mann waren sie stark nach ihrer Vereinigung bei Kitzingen. Unangegriffen von Friedland stieß dies Herr zum königlichen Lager, das siebenzigtausend Mann nun zählte.

Bis auf sechs und sechszigtausend war Wallensteins Heer gestiegen.

Zwei solche Menschenmassen konnten nicht lange gegen einander stehn, ohne sich in sich selbst zu verzehren; aber beide Feldherren mußten sich gestehn, daß dem gewiß eine schreckliche Niederlage bevorstehe, welcher es wage, den andern in seinem Lager anzugreifen. Das nur schien die Frage zu seyn, wer dem Elend am längsten trotzen könnte. Wallenstein hatte nur sein Heer, Gustav auch eine befreundete Stadt zu verderben: in das Felsengemüth von jenem drang nie das Mitleid; dieser überließ sich gern menschlicher Regung.

Der König beschloß einen allgemeinen Sturm auf das feinliche Lager, so sehr seine besten Feldherren ihm die Unmöglichkeit des Gelingens vorstellten. Er rechnete tollkühn auf sein Glück, auf einen Zufall, der jene Unmöglichkeit besiegen werde.

In der Tiefe standen die Schweden, zum Angriff geschürzt, in unabsehbarer Reihe: ruhig und kühl sah Wallenstein von seiner Höhe auf sie herab. Jene beteten, und dieser wußte nun den Angriff nahe. Er rief seinen Kriegern zu, daß sie den Kaiser und seinen Feldherrnruhm vertheidigen sollten; die Feldpater flehten um Schutz der Kirche. Sechszig schwedische Kartaunen schlugen ihre Donner in den alten Berg; mit einem Feuermeer antworteten hundert und vierzig aus dem kaiserlichen Lager. In Rauch ward es auf seiner Höhe verhüllt, nur das greuelvolle Verderben sagte den Schweden, daß Friedland nahe sei.

Lange Schaaren von ihnen waren hingestreckt, ehe sie an den Verhack kamen, wo die friedländischen Regimenter mit dem kleinen Gewehr auf sie lauerten. Ein ewiger Kugelregen stürzte auf sie herab.

Wütend befahl Gustav immer von neuem den Sturm; allgegenwärtig widerstand Wallenstein auf allen Seiten. Sein Lager hatte er als ein Meister in der Befestigungskunst aufgeführt; als ein Held vertheidigte er es, mit dem ungestörten Gemüth eines Gottes unter tausendfachem Tode. Ein Pferd wurde unter ihm erschossen, ihn selbst berührte keine Kugel. Endlich nach einem Sturm von zehn Stunden befahl Gustav den Rückzug. Alle seine Regimenter kamen zerrissen zurück, und dreitausend tapfre Soldaten ließ er auf dem Schlachtfelde, ohne irgend einen Vortheil errungen zu haben.

Beide Feldherren harrten noch vierzehn Tage, wen der Hunger zuerst aus den Schanzen treiben werde. Gustav sah Nürnbergs Elend, und brach zuerst auf. Zum Schutz der Stadt hinterließ er eine Besatzung und blieb in der Nähe, um den kaiserlichen Feldherrn anzugreifen, wenn er Nürnberg bestürmen sollte. Fünf Tage nach ihm brach Wallenstein auf. Von angesteckten Dörfern, dem angezündeten Lager erhoben sich Rauchsäulen hinter dem abziehenden Heere.

Gern hätte der König den Krieg in Baiern festgehalten, und nicht nach Obersachsen gespielt; aber von der Belagerung Ingolstadts rief ihn

Wallensteins Zug nach Sachsen hinweg. Mogte Oestreich zu Grunde gerichtet werden durch den nordischen Feind, dies war Friedlands Plane nicht entgegen, wenn er nur den Churfürsten von Sachsen zwang, sich von Gustav Adolf loszureißen.

Bei Koburg trennte er sich von Maximilian von Baiern, welcher eilte, sein Land zu vertheidigen. Verheerend durch blühende Gegenden, wälzte er sich in die sächsischen Provinzen, um sie durch seine Winterquartiere zu Grunde zu richten, wenn der Churfürst sich ihm nicht schnell freundschaftlich bewies. Böhmens Krone sollte die erste Beute für seine Größe werden, und ohne Sachsens Freundschaft saß sie kaum fest auf seinem Haupte.

Allein in reißenden Märschen kam Gustav von Baiern nach Sachsen, und unaufgehalten bis gen Naumburg, aus welcher Stadt er die Kaiserlichen trieb, und wo er sich verschanzte. Er hatte nur zwanzigtausend Mann, aber auserlesene Krieger. Vorzüglich erwartete er den Zuzug sächsischer Truppen.

Wallenstein hatte den Gedanken geäußert, daß man gegen die Schweden sogleich eine Schlacht liefern solle; allein die Nähe des Winters war es vornehmlich, was ihn davon zurückhielt. Wer die Schlacht jetzt verlor, schien fast durchaus verloren, weil er nur nach langen Zügen auf eine Ruhestätte hoffen konnte.

Aber auf der andern Seite war Wallenstein weit entfernt, einen Angriff von den Schweden zu besorgen. Den Feldherrn Pappenheim sandte er mit einem bedeutenden Corps an die Weser, zunächst nach Halle, dessen Schloß von den Schweden belagert wurde. Er glaubte, seine übrigen Truppen ruhig in die Quartiere vertheilen zu dürfen, doch so, daß sie jeden Augenblick zusammenstoßen konnten. Er selbst ging nach Merseburg, um nahe zum Schutz für Pappenheim zu seyn.

Ohne weitere Hülfstruppen beschloß Gustav, den kaiserlichen Feldherrn anzugreifen, ehe er Pappenheim zurückrufen könnte. Wallenstein wußte sogleich, daß die Schweden in Schlachtordnung von Naumburg gen Weißenfels zogen. Ein dreimal wiederholter Kanonendonner von Merseburg her rief seine Regimenter zusammen. Sein Astrolog Seny sah des Zodiakus Kaltsinn gegen Gustav Adolf den ganzen gegenwärtigen Monat, den November hindurch. Auch riethen die triftigsten Gründe zur Schlacht. „Wir müssen jetzt, sagte der Feldmarschall Holck zu Wallenstein, auf den König marschiren, ehe die Sachsen und Lüneburger mit ihm sich vereinigen. Ihn schützt jetzt keine Verschanzung, er muß im freien Felde schlagen. Thun wir es nicht, so wird Leipzig, Freiberg, Meissen, Kemnitz abgeschnitten, wir werden von Böheim getrennt. Das ganze Land ist schwedisch gesinnt, der König findet Lebensmittel in Menge, er erhält gute Winterquartiere, und kann gut genährt, hernach das Kriegstheater nach Böheim und in die andern Erbstaaten versetzen. Des Kaisers Koffer sind leer, die erschöpften Unterthanen können nicht einmal die letzten Auflagen zahlen, noch viel weniger können sie neue entrichten. Unsre Allirten sind überwältigt, zwei Drittel von Deutschland sind verloren, eine Bataille ist das einzige Mittel, des Kaisers Parthei neu zu beleben, seiner Waffen Ehre wieder herzustellen. Durch einen Rückzug verderben wir alles. Unsre Macht steht beisammen, die Generale leben einverständig, die Truppen sind schlachtbegierig. Ohne Schlacht werden wir nicht lange mehr hier ausdauern können. Des Feindes Angriffe, die Kälte, Hunger und Mißvergnügen werden unser Volk verringern, der König wird es theilweise auftreiben. Ein Sieg hat jetzt den Werth von Deutschlands Hälfte, und er wird die nehmlichen Folgen haben, welche der Feinde Sieg bei Leipzig im vorigen Jahr hatte. Nie werden wir wieder eine so große Armee beisammen haben. Der größten Wahrscheinlichkeit nach tragen wir den Sieg davon, hauptsächlich dann, wenn wir den Pappenheim zu uns rufen."

Friedland zog auf die Ebene bei Lützen und rief Pappenheim auf das eiligste von Halle zurück.

Auf beiden Seiten der Ebene liefen Gräben. Die Kaiserlichen vertieften den auf ihrer Seite, und Füsiliere wurden hineingelegt. In vier grossen Vierecken stand das Fußvolk. Auf beiden Flügeln hielt die Reiterei. Wallenstein hatte auf dem rechten zwischen beide Reihen der Reiter noch ein Viereck des Fußvolks gestellt: für den linken hoffte er die Verstärkung durch Pappenheim. In finstrer Nacht wurde die Schlachtordnung so gestellt.

Den Abend vor der Schlacht war Wallenstein auf der Ebene von Lützen angelangt: noch später kam der König von Schweden, und lagerte sich ihm gegenüber. In zwei Treffen theilte er seine Armee, auf dem rechten Flügel kommandirte er selbst, auf dem linken Bernhard von Weimar. Die ganze Nacht brachte er zu im Gespräch mit seinen Feldherren. Zwanzigtausend Mann hielt er hinlänglich gegen die dreissigtausend Wallensteins.

Für den Ruhm der beiden größten Feldherren Europa's waren beide Heere begeistert. Sie woll-

wollten nun entscheiden, wer in einem Kampfe auf ebenem Felde bei Nürnberg gesiegt hätte. Die gespannte Welt sollte nun wissen, welcher Anführer der größte, welches Heer das tapferste sei; für manche Geister sollte auch entschieden werden, welcher Gott der mächtigste, ob der Katholiken, oder der Evangelischen Beschützer.

Selbst an dem dämmernden Abend hätte Gustav noch gern geschlagen, ehe Pappenheim zurückkam. Allein es war so unmöglich, als früh am folgenden Tage. Ein dicker Herbstnebel lag da auf dem Felde: nur die leichten Reiter konnten sich in demselben begegnen. Geistliche Lieder tönten von den Schweden zum Feinde hinüber, besonders der Gesang: Eine feste Burg ist unser Gott! Der Nebel verzog sich gegen Mittag. Das schwere Geschütz donnerte auf beiden Seiten. Wiederum dichter senkte sich der Nebel von neuem auf den Schauplatz der Vernichtung. Endlich bricht die Sonne allmächtig durch, und zugleich funkelt die Wut aus den Augen beider Heere gegen einander. Gott mit uns! riefen die Schweden: Jesus Maria! die Kaiserlichen.

Gustavs Krieger stürzten an den Graben des Feindes: der Füsiliere Feuer, des schweren Geschützes Donner lockte sie in ein Blutbad, in einen Wald durchbohrender Spieße und Lanzen. Der König ergriff eine Lanze und führte seine Krieger selbst von neuem zum Graben. Endlich durchbricht ein Regiment die feindliche Linie. Ungestüm drangen die Schweden weiter und eroberten einen Theil der kaiserlichen Batterie, und richteten die Kanonen derselben auf die Vierecke des Fußvolks. Plötzlich schuf Wallenstein Ordnung. Sein Geschütz wird wieder erobert, die Schweden werden bis an den Graben zurückgedrängt. Unwiderstehlich stürmt Gustav mit der Reiterei herbei, zum zweitenmal erobern seine Krieger das feindliche Geschütz, der linke Flügel Wallensteins flieht, und Gustav eilt, dem ankommenden Pappenheim zu begegnen. Indem er mit einem Reitergeschwader hinwegflog, zerschmetterte ein Schuß seinen linken Arm, stürzten ihn zwei Schüsse entseelt zu Boden.

Bernhard von Weimar bekam die traurige Kunde, mitten im härtesten Kampfe mit dem Feinde. Der König ist gefangen! rief er: ihn zu befreien, raseten die Schweden. Sie eroberten die Batterie des rechten Flügels. Tödtlich verwundet sank Pappenheim auf das Schlachtfeld, und hauchte bald seinen Geist aus. Mit demselben schwand der Muth der Kaiserlichen. Umsonst war Wallensteins Toben: er mußte das Schlachtfeld an Bernhard von Weimar überlassen *).

Mehrere Kugeln hatten in der Schlacht Friedlands Mantel durchlöchert, von einer war er leicht beschädigt; aber seine Verachtung des Todes hielt denselben von ihm entfernt. Düster und stürmisch wie die Herbstnacht war sein Gemüth; schweigend kam er um Mitternacht mit einem kleinen Geschwader nach Leipzig, ein Flüchtling, indem Bernhard von Weimar in Schlachtordnung blieb, und die Erneuerung des Kampfes

---

*) 1632. Nov. 16.

am folgenden Tage erwartete. Sie war unmöglich für den geschlagenen Feldherrn; denn sein ganzes Geschütz war verloren, sechstausend seiner Krieger lagen todt auf dem Schlachtfelde, die Zahl der Schwerverwundeten war groß, einige seiner tapfersten Anführer waren geblieben, unter seinen zerstreuten Schaaren galt nichts als die Stimme der Furcht. Dagegen brannten die Schweden vor Wut, den Tod ihres Königs durch gänzliche Vernichtung des Feindes zu rächen. Ansehnliche Verstärkung zog ihnen zu. In dem Lande, welches der Schauplatz des Krieges war, fanden sie Freundschaft, aber Wallenstein gewiß gänzlichen Untergang durch die Erbitterung der Einwohner, wenn sein Heer, von neuem geschwächt, kein Schrecken mehr einflößte.

Er eilte mit seinem zerrissenen Heere nach Böhmen, um in den kaiserlichen Erbländern sich eine neue kriegerische Macht zu bilden. Vor dem Rathhause zu Prag ließ er ein Blutgerüst errichten, und auf demselben viele Krieger von jedem Range, welche der Feigheit und Zügellosigkeit an dem Tage bei Lützen angeklagt wurden, durch den Henker enthaupten. Fürstlich beschenkte er zugleich diejenigen, welche sich durch Tapferkeit und Besonnenheit in der Schlacht ausgezeichnet hatten. Dem Feldmarschall Holck stellte er frei, aus vier genannten böhmischen Herrschaften, deren jede aus sechszehn oder achtzehn Dörfern bestand, sich eine zum Eigenthum zu wählen. Ottavio Piccolomini beschenkte er mit zehntausend Thaler, und viele Officiere mit Ketten, an welchen sein Brustbild hing, und wovon keine unter dreitausend Thaler werth war.

Das einzige, wodurch der Triumph der Schweden in Trauer verwandelt war, der Tod Gustav's, verbreitete allein noch Licht über Wallensteins Seele. In ihm hatte er den fürchterlichen Nebenbuhler bei seinem Plane gesehen, auf den Trümmern von Habsburgs Macht eine neue zu schaffen. Nun hatte er die Aussicht, auf denselben mit keinem Feinde mehr kämpfen zu brauchen. Die Person des Königs war ihm weit gefährlicher gewesen, als die schwedische Macht, und deshalb sagte er die merkwürdigen Worte, daß Gustav ein gewaltiger Soldat gewesen, wie es aber doch gut sei, daß er umgekommen; denn zwei Hähne vertrügen sich nicht auf einem Mist. Dennoch hielt er stets den Gedanken fest, durch die Schweden den Ruin Oestreichs zu befördern, aber sie alsdann zur Sicherheit seiner Herrschaft in Deutschland über die Ostsee zu jagen.

An der Spitze der schwedischen Macht stand nach dem Tode Gustavs der Reichskanzler Oxenstiern, einer von jenen Geistern, welchen bei großen Gesichtspunkten auch der kleinste Umstand nicht entgeht, und die eben aus dieser berechnenden Klugheit die höchste Kühnheit schöpfen. Mit ihm knüpfte Friedland die Unterhandlungen wieder an, die er mit Gustav gepflogen, und der Reichskanzler sandte ihm die mit eigener Hand geschriebene Erklärung, daß er, wenn Wallenstein sich im Ernst zum König von Böhmen aufwerfe, ihm helfen wolle, weil er wohl wisse, daß eben dieses der Wille des Königs gewesen sei.

Friedland äußerte bei Empfang dieses Briefes: „gewiß, das Schreiben hat Hände und Füße; Oxenstiern muß ein verständiger Mann seyn; es ist aber noch nicht Zeit; wann die Zeit vorhanden seyn wird, will ich alles thun."

Durch dieses Verweisen auf die Zeit erregte er bei den Schweden den Argwohn, daß er es nicht redlich meine. Graf Terzky beschwor das Gegentheil; nur glaube der Herzog den Nativitätstellern so viel, die Sterngucker sprächen ihm so viel vor, welcher großer Herr er werden solle, wie alles geschehen werde, wenn die Zeit komme.

Alles eignete sich sonst im Anfang des Jahrs 1633 dazu, Wallensteins Absichten zu unterstützen. Von den zerstreuten schwedischen Heeren stand eines in Schlesien, unter dem Grafen von Thurn, der in alle Geheimnisse des Herzogs eingeweiht war, und brannte, sich an Habsburg zu rächen. Das sächsische Heer in Schlesien wurde von dem Feldmarschall von Arnheim und dem Herzog Franz Albrecht von Sachsen-

Lauenburg angeführt; und beide Feldherren waren in freundschaftlicher Verbindung mit Friedland. Dieser selbst hatte schnell wieder eine große Heeresmacht zusammenzubringen gewußt. Bauern, die als Rebellen und Ketzer vom Kaiser waren geächtet worden, hatte er zu seinen Fahnen gerufen; aus geweihten Glocken hatte er sich neues Geschütz gegossen.

Mit der glänzendsten Pracht, die jeden Aufzug des Kaisers überstralte, zog er aus Prag ins Feld *). Die schönste Maiensonne lachte am Morgen; aber so wie er weiter zog, wölkte sich der Himmel, der Wind heulte, Regengüsse stürzten herab, jeden Augenblick waren die Wagen in Gefahr umgeworfen zu werden. Die Stadt Brandeis wurde mit Mühe erreicht. Ein nächtliches Feuer ergriff mehrere Häuser derselben, und verzehrte einen Theil des Feldgepäckes. Friedlands Gemüth wäre leicht durch diese bösen Vorzeichen geschreckt; allein die Sterngucker ver-

*) 1633. Mai 3.

scheuchten durch eine höhere Erklärung die Wolken.

Seine Macht war so groß, daß er Schlesien rasch vom Feinde hätte reinigen können, und er zog auch dem vereinten Heer der Sachsen, Brandenburger und Schweden bei Nimptsch nahe unter die Augen. In Schlachtordnung bewegten sich beide Mächte gegen einander; schon sind die Gemüther, die Arme zum Kampf auf beiden Seiten bereit, und plötzlich reitet Graf Terzky mit einem Trompeter aus Wallensteins Lager und fordert zu Unterhandlungen auf. Sie fanden Statt zwischen den Anführern der Heere. Wiederherstellung der böhmischen Freiheit, Begünstigung der Protestanten, Vernichtung der Jesuiten waren Bedingungen, durch welche Friedland die Aussicht auf einen allgemeinen Frieden sehr reizend machte; aber wenn Schweden nur eine Geldentschädigung, Sachsen und Brandenburg nichts erhalten sollten, indem Wallenstein für sich Böhmen und Mähren, und aus Rache gegen Maximilian von Baiern das Land ob der

Ens verlangte: so war durchaus kein Gleichgewicht in den Bedingungen. Mehr aber als dieser Umstand, schadete der Verhandlung, daß Friedland nicht verbergen konnte, wie er wünschte, mit den Sachsen vereint, die Schweden aus dem Reich zu jagen. Sowohl Arnheim, als der Herzog von Lauenburg äußerten, daß dies nicht treulich gehandelt, sondern ein Schelmenstück seyn würde.

Offenbar ging Wallensteins Absicht dahin, Sachsen und Brandenburg wider Habsburg und die schwedische Macht als Mittel zu brauchen. Unentschlossen blieb er jetzt nur, ob er den Streich zuerst auf die letzte, oder jenes richten sollte. Auf jeden Fall wollte er sich durch seine Verhandlungen mit den Feinden so stellen, daß sie ihm auch im Felde Vortheil brachten, und dem kaiserlichen Hofe so dargestellt werden konnten, als wären sie einzig eingeleitet worden, zum Vortheil desselben, den Feind zu betrügen. Indem seine verrätherischen Verhandlungen schon viele Personen umspannen, und sich selbst an den französischen Hof erstreckten, blieb er in dem Mittelpunkt derselben ein geheimnißvolles Wesen. Das europäische System wollte er anwenden, um Habsburg zu Grunde zu richten; aber es sollte bis zum letzten Augenblick der Ausführung unentschieden bleiben, ob er es nicht zur herrlichsten Erhebung jenes Hauses habe brauchen wollen.

Glänzende Thaten erwartete der Kaiser von seiner großen Armada unter Friedland, und schon war der Herbst gekommen, ohne daß Kunde von einem bedeutenden Siege anlangte. Gleichsam nur neckend führte der Herzog den Krieg. Mit dem verbündeten Feinde in Schlesien, pflegte er zu sagen, kann ich spielen, wie die Katze mit der Maus. Bei Steinau umzingelte er ein Corps Schweden unter dem Grafen von Thurn, und nahm es gefangen. Den ersten Urheber der Rebellion in Böhmen sah man zu Wien schon voll Freude auf dem Blutgerüst. Friedland gab ihm die Freiheit, und auf alle Vorwürfe deshalb, die Antwort: „Was soll ich mit dem unsinnigen Menschen anfangen? wollte Gott, die Schweden hätten keinen bessern General, als den Thurn. Er wird beim Feinde uns größern Nutzen schaffen, als hier im Gefängniß."

Einen gewaltigen Riß in Friedlands hinterlistige Plane machten die Siege Bernhards von Weimar, welche ihn im Spätherbst bis an die Donau brachten. Die Festung Passau ward von ihm bedroht. War sie gefallen: so lagerte sich die Gefahr drückend auf die östreichischen Erbländer.

Auf die dringendsten Bitten und Befehle des Kaisers, Passau zu decken, bewegte sich Wallenstein langsam aus Böhmen nach der Oberpfalz. Wenigstens die Winterquartiere sollte er in der Nähe des furchtbaren Feindes halten; allein er brach plötzlich wieder auf und ging nach Böhmen zurück. Maximilian und Baiern sollten dem Feinde preisgegeben werden.

Der vornehmste Grund dieses Rückzuges lag aber in der Entdeckung Wallensteins, daß man ihn schon am kaiserlichen Hofe als einen Verräther betrachte, sich wenigstens nicht mehr sicher glaube, wenn die ganze bewaffnete Macht des habsburgischen Hauses in seinen Händen ruhte. Als Generalissimus von Oestreich und Spanien konnte er, seinem Vertrage gemäß, fordern, daß jedes Heer des habsburgischen Hauses unter seinem Befehl stehen sollte. Diese Schwierigkeit hoffte man zu umgehn, wenn man dem spanischen Heere, welches aus Italien nach Deutschland zu ziehn bestimmt war, den Bruder des Königs von Spanien, den Cardinal Infanten, Don Fernando, zum Anführer gab. Sein hoher Rang sollte es entschuldigen, wenn er dem Generalissimus nicht untergeordnet wurde; allein der Vertrag mit diesem war dennoch von Seiten des Hofes gebrochen.

Vergebens beschwerte sich Friedland darüber, vergebens erbot er sich, ein zweites Heer aufzustellen, welches mächtiger sei, als das spanische, damit es dem Kaiser an keinen Armaden fehle. Der Herzog von Feria, als Vorläufer des Infanten, erschien mit zehntausend Mann auf deutschem Boden.

Es läßt sich kaum bezweifeln, daß Wallenstein auch ohne diesen Bruch des Vertrages durch das Haus Habsburg früher oder später zum Verräther gegen dasselbe geworden wäre; aber noch konnte er jeden Schritt, welchen er gethan hatte, als für das Kaiserhaus gethan beschreiben; er brauchte selbst nicht einmal einzuräumen, daß er wirklich gespielt habe mit der Idee des Verrathes.

Durch Böhmen und Mähren vertheilte er seine Krieger also, daß er sich kaum regen durfte, um diese Länder dem Kaiser zu entreißen: ein Wink von ihm reichte dazu hin. Oberöstreich hatte er auf gleiche Weise gefesselt; das nicht besetzte Unteröstreich hielt er umklammert. Zu Pilsen hatte er seinen Standort: zweitausend Kürassiere und ein Regiment Fußvolk, die tapfersten und ihm treusten Krieger seines Heeres machten eine Wagenburg um seine geheiligte Person. Er schien der Herrscher, und Ferdinand zu Wien ein entthronter Monarch im Gefängniß.

Alle Befehle des Kaisers an den Herzog zweckten freilich dahin ab, sich aus dieser bangen Lage zu reißen; allein der Feldherr gehorchte keinem derselben. In Oberöstreich führte der Oberst Suys den Oberbefehl, und gehorchte der kaiserlichen Weisung, daß er gegen den Feind nach Passau vorrücken sollte. Sogleich drohte Wallenstein, ihm den Kopf abschlagen zu lassen, wenn er nicht nach Oestreich zurückginge. Suys gehorchte, und der Feldherr schrieb ihm, wie es ihm zum besondern Gefallen gereiche, daß er seine Befehle besser beobachtet habe, als die Kaiserlichen.

Nun auf den gefahrvollen Scheideweg gestellt, der Dankbarkeit des Kaisers gegen ihn, dem Vertrauen gegen ihn, welches derselbe noch nicht ganz in seiner Brust erstickt hatte, sich wehrlos hinzugeben, oder mit Gewalt als Verräther und Feind gegen das östreichische Haus aufzutreten, konnte Friedland nur dies letzte ergreifen. Die Größe, welche ihm die Sterne verhießen, konnte sein Glaube nicht aufopfern, noch weniger seine

Brust die Labung der Rache, sein Argwohn den gänzlichen Zweifel an der Freundschaft des Kaisers, wenn er nicht mehr gefürchtet wurde.

Unter seinen Feldherren war die Seele seines Schwagers, des Grafen Terzky, ihm ganz verpfändet; aber er konnte wenig auf dessen Klugheit bauen, da die alte Frau Terzky gestorben war, bei deren Tode der Graf Thurn ausrief: nun geht das ganze Terzkysche Haus zu Grunde. Ein Anverwandter Terzky's, der Graf Kinsky, von Oestreich der Religion wegen verfolgt, war mit glühendem Hasse wider dasselbe zur Verschwörung bereit. Zwei rohe Gemüther unter den Anführern des Heeres hatte der Herzog auf eine niedrige Weise gewonnen. Den Feldmarschall Illo bewog er, um den Grafentitel in Wien nachzusuchen, und versprach sein Gesuch zu unterstützen. Allein er selbst hintertrieb es, und der betrogene Illo schwor mit ihm ewigen Haß gegen Habsburg. Durch erdichtete Briefe belog er den Croatengeneral Isolani, daß der Hof ihm das Commando nehmen wolle, und die dadurch wankende Treue des liederlichen Kriegers verführten gänzlich reiche Geschenke. Auf den General der Reiterei, den tapfern, schlauen Ottavio Piccolomini, setzte Friedland das höchste Vertrauen; denn die Sterne sagten, daß ihre Seelen verbunden wären. Gegen ihn ergoß er den heißen Strom von Rachsucht und Ehrgeiz, der in seiner Brust tobte, schilderte er mit glühenden Farben den Ruin Habsburgs. „Am kaiserlichen Hofe, sprach er, herrscht nichts als Undank, und gegen die Soldaten verfährt man mit aller ersinnlichen Tyrannei. Man ist dort ganz allein auf ihren Untergang bedacht, die Bezahlung kommt ihnen nicht in Sinn. Ich für meine Person werde auf alle Art mortificirt, und ich muß abermals in Sorgen stehen, mit Verachtung abgedankt zu werden. Um keine zweite Verkleinerung meiner Ehre und Reputation ertragen zu müssen, bin ich entschlossen, mein Heil und Glück zu versuchen. Ich will mit den vornehmsten, aus der ganzen Armee auserwähltesten Truppen zu den Feinden übergehen, und mit verbundener Macht die östreichischen Erbländer so lange bekriegen, bis ich sie und des Kaisers eigene Person in meine Gewalt bringe, bis ich das ganze Haus Oestreich nicht allein in Deutschland, sondern überall, wohin sich seine Monarchie erstreckt, völlig mit der Wurzel vertilge und ausrotte."

Piccolomini machte leise Einwürfe, wie die Ausführung eines solchen Planes ihm ein schweres Werk scheine. Aber Friedland entgegnete: „In wichtigen Sachen ist nur der Anfang schwer, und in Anschlägen, wobei es ganz auf gutem Wagen beruht, wo nichts als der Verzug die Gefahr vergrößert, sind solche Diffikultäten gar nicht in Anschlag zu bringen, und meine Sachen sind nunmehr dahin gediehen, daß ich mich dem Glück nothwendig vertrauen muß. Die himmlischen Wahrzeichen fordern mich zur Erhöhung meines Standes auf, und ich will diese erwünschte Gelegenheit benutzen, sollte ich auch nur allein tausend Pferde zur Unterstützung haben."

Als Piccolomini merkte, wie tief sich diese

Gedanken in Wallensteins Seele gesenkt hatten, und wie wenig dieser Geist von ihnen lassen werde, hüllte er sich in Schweigen oder Verstellung. Er selbst sparte keine Klagen wider den Hof des Kaisers.

Graf Terzky warnte den Herzog von Friedland vor Ottavio Piccolomini, der ein Fremdling, ein Gemüth voll Mißgunst über seine Größe sei, und gewiß Verräther werde. Aber Wallenstein erwiederte: „in der Nativität des Piccolomini habe ich Uebereinstimmung unsrer Schutzengel gefunden, seine Konstellation ist genau die meinige, aus dieser Ursache kann mich der Graf nicht hintergehn."

Inzwischen ward es dem Kaiser schwer, den vielen Zeichen von Verrath, welchen Wallenstein schmiedete, Glauben zu schenken. Seine Räthe sprachen für und wider die Wahrscheinlichkeit, daß der Generalissimus von Habsburg abfallen werde. Ihn zu ergründen, sandte man in sein Lager den schlauesten Mann, den Beichtvater der Königin von Hungarn, Diego Quiroga, einen Kapuziner. Wallenstein hatte ihn ehmals mit Vertraulichkeit behandelt; aber von ihr waren jetzt wenige Spuren, wiewol er ihn mit ausgezeichneter Höflichkeit aufnahm. Quiroga brauchte zum Vorwand seiner Sendung, daß er den Feldherrn bewegen wollte, dem Verlangen der Spanier gemäß doch sechstausend Pferde zur Verstärkung des Kardinal Infanten abzuordnen. Aber selbst auf dieses Gesuch konnte er nichts als zweifelhaften Bescheid erhalten, und alle seine listigen Fragen waren von keinem Erfolge. Es blieb ihm unmöglich, auf den Grund der Gerüchte von einem Verschwörungsplane wider den kaiserlichen Hof zu kommen, bis er durch Geistliche, die mit Wallensteins Freunden in Verbindung lebten, erfuhr, welche Anschläge der Feldherr mit Terzky und Illo berathe, welche Eröffnungen er gegen Ottavio Piccolomini gemacht habe.

Auf der Rückreise, um seine Entdeckung in Wien mitzutheilen, stieß der Kapuziner auf den Grafen Maximilian von Wallenstein, und meldete demselben: Sein Vetter der Herzog gefalle ihm weder an Gesundheit des Leibes noch des Gemüthes, werde allem Ansehn nach nicht lange mehr leben; doch könne er mit seinem bösen Vorhaben alles in Verwirrung bringen, und den ganzen Ruin des Erzhauses bewirken. Er bat den Grafen, nach Möglichkeit den Feldherrn davon abzuhalten, daß seine so ansehnlichen dem Erzhause treuerzeigten Dienste, sein erworbener Ruhm und hochgebrachter Stand nicht auf einmal verdunkelt und zu Grunde gestoßen werden."

Ferdinand hatte Maximilian von Wallenstein abgeschickt, um durch die Stimme des Blutes auf den Generalissimus zu wirken, und ihm sagen zu lassen, daß noch kein Argwohn in seiner Seele Wurzel gefaßt, noch nichts sein Herz von ihm abwendig gemacht habe, daß er ihm vor allen verpflichtet sei, und nichts mehr wünsche, als die fortdauernde Ueberzeugung von des Herzogs guten Diensten. Wie Maximilian im Lager anlangte, ließ ihn sein Oheim sogleich rufen und ergoß sich gegen ihn mit alter Vertraulichkeit, aber mit den bittersten Klagen wider den Kaiser und seine Umgebung. Der Graf suchte den Hof zu vertheidigen, und der Feldherr zog ein herbes, finsteres Gesicht, und ließ jede Mittheilung des Vertrauens aufhören. Nur die rohen Genossen Terzky und Jllo wollten Maximilian, doch vergeblich, durch Vorstellungen, Bitten und Drohungen in die Verschwörung ziehn.

Jndeß wankte Ferdinand in seinem Unglauben an Wallensteins verrätherische Absichten erst bei den Berichten seines vertrauten Geheimenraths des Grafen von Trautmannsdorff. Dieser lebte einige Zeit auf seinem Landgut in der Nähe von Pilsen, und beobachtete in der Stille, ohne des Herzogs Argwohn zu erregen, dessen Wandel und Thun. Auf der Rückreise nach Wien empfing er einen Besuch von Wallenstein, der ihm sagte, wie viel mehr er von ihm halte, als dem Fürsten von Eggenberg, und ihm vertrauen müsse, daß er sich mit nicht Wenigerm begnügen wollte, als mit der Ober- und Unter-Lausitz, der Neumark, den Herzogthümern Glogau und Sagan, welche der Kaiser sammt dem Herzogthum Friedland von der Erbunterthänigkeit frei machen, und dem obersächsischen Kreise einverleiben müßte. Trautmannsdorff schwieg auf diese Aeußerungen, und schilderte nach seiner Ankunft in Wien dem Hofe die ganze Gefahr.

Wallenstein wurde immer wilder durch die Entdeckung, daß ihn der Kaiser mit Kundschaftern umringte, die den Ton alter Vertraulichkeit anstimmten, und legte seinen Unmuth so offen dar, daß er alle Rücksicht auf die östreichische Regierung aufgab. Er nannte ihr die Officiere nicht mehr, die er zu Generälen befördert wissen wollte, sondern machte diese selbst, ohne die Genehmigung des Hofes zu verlangen. Seinen vertrauten Terzky ernannte er zum General der Kavalerie, und gab unter seinen Befehl fünf Regimenter Kürassiere, zwei zu Fuß und ein Dragonerregiment, auf welche er vorzüglich vertraute.

Nichts that ihm weher bei seinem Beginnen, als daß sein vertrauter tapfrer Gefährte, der

Feldmarschall Holck, gestorben war. Nun mußte alles in die plumpen Hände eines Terzky, eines Illo gegeben werden. Wiewol ihm die Sterne Vertrauen gegen Ottavio Piccolomini geboten, merkte er doch, daß vorsichtige Klugheit bei demselben zu sehr überwiege, als daß er zu raschen Wagnissen gebraucht werden könnte.

Ohne Vorwissen des Kaisers hatte der Feldherr sämmtliche Befehlshaber in seinem Heer nach Pilsen beschieden, und die meisten erschienen. Am eilften Jänner 1634 waren sie zum erstenmal versammelt. Der Herzog selbst kam nicht in die Versammlung: durch Illo ließ er ihr die letzten Forderung n des kaiserlichen Hofes und Kriegsraths vorlegen, und sie fragen: ob möglich, die Winterquartiere außer den Erbländern zu nehmen? ob möglich gewesen, die Stadt Regensburg bei damaliger Winterzeit wieder zu erobern? ob thunlich und rathsam, sechs tausend Pferde von der Armada wegzulassen? Einstimmig war die Antwort, daß weder das eine noch das andre thunlich und rathsam und sonst der Ruin der Armada gewiß seyn würde. Illo berichtete diesen Erfolg dem Feldherrn, und kam mit scheinbarer Bestürzung zurück zu der Versammlung. Mit der lateinischen Formel, daß unrecht sei, Undankbaren zu dienen, begann er. Die Obersten sollten aus solchem Zumuthen abnehmen, wie von dem kaiserlichen Hofe unmögliche Dinge dem Generalissimus aufgebürdet würden. Wenn er nicht sogleich gehorche, verfolge man ihn, wie dann die Spanischen ihm allbereit mit Gift hätten beikommen wollen. Die kaiserlichen Minister und Räthe hätten sie auf ihre Seite gebracht, und trachteten mit allen Kräften dahin, den König von Hungarn in das Feld zu befördern, ihn nachmals herumzuführen nach Gefallen, und die völlige Disposition der Waffen unter sich zu bringen. Durch welches sie nichts anders vorhätten, als die Grundfeste ihrer Monarchie in diesen Ländern zu errichten, die deutsche Freiheit aufzuheben und das heilige römische Reich wider die alten Privilegien erblich zu machen. Darum wollten sie den Herzog von Friedland entnerven, darum wäre unter scheinbarem Vorwande befohlen, den größern Theil der Armada nach Baiern zu führen, ungeachtet der vorhandenen harten Winterzeit, und wiewol wissentlich, wie hart und übel jener Churfürst den Soldat zu behandeln pflege. In den kaiserlichen Erblanden sei weder Geld noch Volk zu bekommen, der Kaiser selbst sei nur ein Raub der Jesuiten, welche durch ihren gewöhnlichen Betrug unter dem Schein der Religion alles Geld verschluckten. Mit ihnen plünderten die kaiserlichen Minister die Länder, die für den Soldat angewiesen wären, und verschwendeten für ihre Hoffahrt den sauren Schweiß der armen Soldaten. Wohin diese kämen, Quartier zu begehren, da thäte man nicht anders, als wenn sie Türken, Teufel oder Tartarn wären. Dadurch sähe der Herzog von Friedland seine Ehre sehr gefährdet, die er mit seinen acht und zwanzigjährigen Kriegsdiensten erobert hätte, dadurch werde ihm unmöglich, den Kriegsknechten zu halten, was er ihnen vielmals versprochen. So wolle er die Armada verlassen und seiner

Gesundheit warten, ehe er mit Schimpf und Schande von neuem verstoßen werde. Doch wolle er hierüber der Obersten Wohlmeinen und treuherziges Mitleid vernehmen.

Illo fügte dann hinzu, daß sie bedenken sollten, was ihnen von des Herzogs Abzug für Gefahr und Schaden zustände. Ihre Regimenter und Kompagnien hätten sie meistentheils auf sein Zusprechen aus eigenem Säckel errichtet, und sie würden, von ihm verlassen, nichts seyn, als ruinirte Kavaliere. Weshalb der beste Rath sei, den General mit allem Fleiß anzuhalten, daß er den Befehl fortführe.

Ein allgemeines Geschrei erhob sich, daß der Herzog bei ihnen verharren müsse, und deshalb geschah an ihn eine Abordnung; allein er wankte nicht in seiner Verstellung. Einer zweiten Gesandtschaft, die noch dringender flehte, ergab er sich endlich wie erweicht, und versprach zu bleiben, nur um zu sehen, welcher Unterhalt, welche Bezahlung der Armada würde.

Als die Abgeordneten diesen Entschluß der

Versammlung überbracht hatten, nahm Illo wieder das Wort. Der Feldherr werde sich ohne ausdrückliches Vorwissen der Generäle und Obersten nicht von der Armada wegbegeben; aber verlange dagegen, daß sie sich sämmtlich und ein jeder insonderheit statt eines körperlichen Eides verpflichten sollten, getreu bei ihm auszuhalten, sich nicht von ihm zu trennen oder trennen zu lassen, nach Möglichkeit zu befördern, was ihm und der Armada fromme, und Alles für ihn bis zu dem letzten Blutstropfen ungespart aufzuopfern.

Der Rittmeister Neumann, welcher die Schreiberdienste bei Wallenstein versah, las eine Urkunde vor, die in diesem Geist abgefaßt war, und den Generälen und Obersten zur Unterschrift vorgelegt werden sollte. Sie brauchten dieselbe nicht wegen ihrer Treue gegen den Kaiser zu verweigern, denn ihre Gelübde gegen Friedland wurden in dieser Schrift beschränkt durch die Klausel, daß sie gültig seyn sollten, so lange der Herzog im Dienst der kaiserlichen Majestät verbleiben und sie zu diesem Dienst brauchen würde.

Illo führte darauf alle zu einem glänzenden Bankett. Nachdem in Wein geschwelgt war, ging die Urkunde zur Unterschrift umher. Viele unterzeichneten, ohne sie durchzulesen, bis einige entdeckten, daß eben jene Klausel in ihr ausgelassen sei, und die Unterzeichnung verweigerten. Illo wollte sie mit freundlicher Rede dazu bewegen: an etlichen Worten sei nicht viel gelegen, und des kaiserlichen Dienstes sei ja doch im Eingang gedacht. Als die Weigerung fortdauerte, zog Terzky das Schwert und schimpfte alle die meineidige Schelme, die es nicht mit Friedland halten wollten. In einem Augenblick entblößten alle, die unterschrieben hatten, auch ihre Degen, und keine Unterschrift ward mehr verweigert. Ottavio Piccolomini vergaß im Rausch die Verstellung. Er griff mit der Linken einen großen Becher, in der Rechten den blanken Degen, trank er den Gästen die Gesundheit des Kaisers zu. Weil die Ueberladung seines Magens in dem

Augenblick hervorbrach, hielt man zu seinem Glück diese Gesundheit für Spott.

Friedland war über die Weigerung einiger Obersten, unbedingt zu unterschreiben, sehr ergrimmt, und ließ am folgenden Tage die ganze Versammlung zu sich rufen. Er sprach über die Forderungen des kaiserlichen Hofes mit dem schmachvollsten Ausdruck. Wenn ein Schülerjunge dergleichen begehrte, so wäre er werth, daß man ihn mit Ruthen streiche. Er wolle sich deshalb zurückziehn und seiner Gesundheit abwarten. Es wären ja etliche Befehlshaber, die allerlei Reden und Gedanken machten, dieselben mögten dem Werk besser nachsinnen; er wolle sich lieber todt, wie also beim Leben sehen.

Die Obersten traten darauf im Vorzimmer zusammen und kehrten zurück mit dem Ersuchen: er wolle dasjenige, was den vorigen Tag von etlichen wenigen beim Trunk vorgegangen, nicht so hoch beherzigen, da sie jetzt in der Nüchternheit des einhelligen Willens wären, die Schrift zu unterschreiben.

Dennoch blieb Wallenstein dem Schein nach unerschüttert. Es sei schon zu weit, entgegnete er, mit den Verfolgungen seiner Neider gekommen. Ohne männliche Kinder, brauche er keine größere Hoheit, er trachte nicht nach höherm Ruhme. Um des Kaisers willen habe er alles gethan, das Generalat wieder angenommen, durch viele Strapazen in des Kaisers Dienst wäre sein Leib schier zu einem dürren Gerippe geworden. Ihn verlange sehr, den Herren seine Zuneigung darthun, sein Versprechen erfüllen zu können, und hoffe, daß ihnen von den kaiserlichen Ministern Genugthuung verschafft werde.

Die Befehlshaber beschworen ihn von neuem, daß er bei ihnen bleiben möge, und gelobten ihm Anhänglichkeit bis in den Tod. Schmerzlich und halbweigernd schien er endlich anzunehmen, was sein Inneres glühend wünschte. Illo brachte drei neue Abschriften der Urkunde, weil im Weinrausch oder mit Absicht viele Namen unleserlich geschrieben waren, und alle drei wurden von zwei und vierzig Befehlshabern bei verschloßnen

Thüren unterzeichnet. Der älteste General des Fußvolks, der Reiterei und der Anführer der Kroaten erhielten jeder ein Exemplar mit den Unterschriften.

Noch fehlte es der Verschwörung an reifer Kraft, weil der Generallieutenant Gallas, und die Feldmarschälle Altringer und Koloredo sich nicht zu Pilsen eingefunden hatten. Auf dem Wege dahin war Altringer mit verstellter Krankheit zu Frauenberg geblieben. Ottavio Piccolomini erbot sich, zu ihm zu eilen, und ihn unter die Verschwornen zu ziehn. Wallenstein vertraute den Sternen und ihm. Altringer erfuhr durch Ottavio die Verschwörung, flog nach Wien, sie dem Kaiser zu offenbaren. Piccolomini übernahm auf Friedlands Geheiß den Oberbefehl im Lande ob der Ens. Darin lag vorzüglich Hoffnung, das Haus Oestreich zu retten; denn seine Treue bewahrte dem Kaiser die Päße, durch welche Rettung aus Italien kommen konnte, indem alle übrige Wege, auf welchen noch Hülfe hätte nahen können, schon von den Schweden und ihren Bundesgenossen besetzt waren.

Mit den Schweden die Verhandlungen wieder anzuknüpfen, war für Friedland in dieser Lage so heilsam, als schwierig. Axel Oxenstiern, mit seinem gesunden, klaren Sinn, mußte ihn für einen hinterlistigen Lügner halten. Er begriff weder seine sich durchkreuzenden Plane, noch den Einflüß der Gestirne auf seine Entschließungen. Nur wenn Friedland in offenbarer Rebellion gegen den Kaiser aufstand, wollte er ihn unterstützen. Diese Vorsicht hatte er dem Herzog Bernhard von Weimar eingeschärft; von ihr wich er auch jetzt nicht gegen Wallensteins Unterhändler.

Nun im Gedränge der Boten, welche Bernhard zur Unterstützung riefen, und ihm den Ausbruch der Verschwörung als sehr nahe verkündeten, nahte er vorsichtig den böhmischen Gränzen. Unter Arnheim zogen die Sachsen zur Unterstützung der Verschwörung heran. Friedland hoffte, die Schweden und Sachsen würden schnell so weit vordringen, daß er am vier und zwanzigsten Februar schon zu Prag den Thron besteigen könne.

In düstrer Nacht war Altringer nach Wien gekommen, und vor den aufgeweckten Kaiser geführt. Im geheimsten Rath am frühen Morgen wurde der Verrath Friedlands als unbezweifelt erkannt.

Es erging Befehl an die treuen Befehlshaber, den Herzog nebst Illo und Terzky zu verhaften, und wenn dies nicht möglich, ihn todt zu liefern. An Gallas wurde das Patent der Absetzung Friedlands geschickt, und der Oberbefehl vorläufig übergeben.

Diese Befehle, dies Patent, mußten noch das strengste Geheimniß bleiben. Der geringste Argwohn Wallensteins von ihrem Daseyn wäre Verderben derer gewesen, welche sie empfingen.

Alle, die dem Kaiser treu waren, wünschten sich weg aus der Nähe des furchtbaren Verräthers. Altringer war auf sein geheucheltes Krankenlager nach Frauenberg zurückgekehrt: Gallas, der endlich nach Pilsen gekommen, erbot sich, ihn herzulocken. Gern ward er entlassen. Mit Altringer zog er so viel Krieger als möglich auf des Kaisers Seite, und begab sich nach Linz. Piccolomini, welcher nach Pilsen zurückgekehrt war, um keinen Argwohn zu erregen, zeigte noch Hoffnung, beide zurückzubringen, und mit herzlichem Vertrauen entließ ihn Friedland.

Als dieser des Betrugs gewahr wurde, als die Anhänglichkeit seiner Krieger ihm stets schwankender erschien, wollte er nach Prag eilen, um den Thron noch zu besteigen. Wohl hatte ihm ein Sterndeuter gesagt, daß dann großes Unglück über ihn kommen werde. Ich sterbe dann doch als König, war seine Antwort; preißt ihr den großen Julius nicht glücklich, daß er vor seiner Ermordung Cäsar gewesen?

Es kam aber die Nachricht, daß sich der Oberst Suys im Namen des Kaisers der Hauptstadt bemächtigt habe, daß alle umliegende Regimenter sich für den Hof erklärt hätten. Durch ein öffentliches Mandat war Friedland für einen

Verräther erklärt worden. So schnell und so groß war schon die Wirkung desselben.

Mit vierhunderttausend baaren Dukaten in Eurer Truhe, sagte ihm jemand, geht sicher an den Hof, und sagt, alles sei ein Versuch gewesen, die Treuen und die Verräther in der Armee kennen zu lernen, und Ihr seyd wieder der alte Friedland. Der Vorschlag scheint gut, erwiederte er; aber der Teufel traue.

Schon nahten die treuen Regimenter unter Piccolomini, Gallas und Altringer; wie ein Verpesteter wurde Wallenstein geflohn. Er sah bald eine schreckliche Oede um sich, nur seine Vertrautesten blieben ihm nahe.

Zwei Tage vor jenem, den er zur Krönung in Prag bestimmt hatte, begab er sich eiligst von Pilsen nach Eger. Mehr ein militärisches Gefolge, als eine kriegerische Macht, war seine Begleitung. Zu seinem Verderben war bei derselben das Dragonerregiment des Obersten Buttler.

Dieser war von Gallas gewonnen, und kannte

des Kaisers geheime Befehle. Kaum angelangt in Eger, ging er auf die Citadelle zu den beiden Schotten, Gordon und Leßlie, welche daselbst den Befehl führten. Als Irländer war er fast ihr Landsmann. Allen drei hatte Friedland große Wohlthaten erwiesen, besonders war Gordon schnell durch ihn vom Gemeinen zum Obersten erhoben.

Um vier Uhr des Nachmittags war Wallenstein angekommen: schon vor Mitternacht beredete sich Buttler mit Leßlie über seinen Untergang. Die Schweden waren nahe; Eger sollte ihnen eingeräumt werden. Jede Maaßregel gegen Friedland mußte schleunigst ergriffen werden. In derselben Nacht bestürmten Buttler und Leßlie Gordons Dankbarkeit gegen seinen Feldherrn. Mit gezogenen Schwertern, knieend beschworen alle drei den Bund zu Friedlands und seiner Mitgenossen Verderben.

Am folgenden Tage versuchte Illo alle Vorstellungen, um die drei Verschwornen bestimmt für den Herzog zu gewinnen. Sie forderten auf einen Tag Bedenkzeit. Doch auf den Abend lud Gordon die Grafen Kinsky und Terzky, den Feldmarschall Illo und den Obersten Neumann zu einem Mahl auf die Citadelle, und man nahm die Einladung an, in Hoffnung, sich traulich zu berathen.

Unmittelbar vor dem Mahl zogen die drei Verschwornen noch einige Officiere an sich, unter welchen der Oberstwachtmeister Robert Geraldin, und der Hauptmann Walther Deverour am bekanntesten geworden.

Die Gäste wurden lauter und fröhlicher, je mehr sie sich in Schmähungen gegen Oestreich ergossen; sie dürsteten nach dem Blute der Habsburger. Unterdeß schlich Geraldin mit dreißig Dragonern, sämmtlich Irländern, in die Citadelle: sie kamen truppweise. Die Diener der Gäste wurden gegen Ende des Mahls entfernt in ein abgelegenes Zimmer. Dragoner bewachten sie; alle Zugänge zum Speisesaal waren besetzt.

Das Zeichen wird durch Leßlie gegeben; und

Geraldin tritt mit sechs Dragonern aus einem Nebenzimmer. Sie rufen: wer ist gut kaiserlich? Vivat Ferdinandus! rufen Buttler, Gordon und Leßlie, springen von ihren Sitzen auf nach einer Seite. Kinsky, Illo und Terzky fallen unter den Streichen der Dragoner. Neumann entkommt in den Vorsaal. Sein Losungswort, Sankt Jakob, das Friedland gegeben, ist kaum gesprochen: so stürzt er durchbohrt hin.

Wallenstein berechnete jetzt mit Seni, was die Gestirne verkündeten. Der Sterndeuter sah Gefahr über des Feldherrn Haupt; schon vorübergeschwebt erblickte sie dieser. Der Sturm heulte draußen, und Wallenstein ging zum frühen Schlummer.

Die Mörder seiner Vertrauten scheuten sich jetzt noch, den Feldherrn zu morden, welcher so lange das Schrecken der Feinde des Kaisers gewesen. Nur ihre eigene Todesgefahr, wenn er nicht gemordet wurde, bestimmte sie endlich.

Sie schlichen in die Stadt mit den erwählten dreißig Dragonern; mit Buttlerschen Kriegern wurden die Straßen besetzt. Unaufgehalten kam Hauptmann Deveroux mit sechs Dragonern in Friedlands Wohnung; gegenüber scholl schon die Wehklage der Gräfinnen Terzky und Kinsky, welche durch einen aus der Citadelle entschlüpften Bedienten von dem Blutbade benachrichtiget waren.

Hinauf zu Friedlands Schlafgemach eilten die Mörder. Still! der Herzog schläft! flüsterte ein Kammerdiener. Von einer Hellebarde durchbohrt stürzte er nieder. Aufgeschreckt aus dem Schlaf, gänzlich ausgekleidet, sprang Friedland zur Thür. In dem Augenblick stürzten die Mörder herein. Er wandte sich und lehnte sich an das Fenster. Deveroux schrie ihn an: bist du der Schelm, der Ihrer kaiserlichen Majestät die Krone vom Haupte reißen will? Stirb jetzt! Mit ausgebreiteten Armen empfing Friedland in die Brust den durchbohrenden Stoß der Hellebarde, und starb ohne einen Seufzer. In der Carthause zu Gitschin, welche seine Gemahlin gestiftet, ruht seine Asche.

FSC
www.fsc.org
MIX
Papier | Fördert
gute Waldnutzung
FSC® C083411

Kolibri 360 GmbH
Ferdinand-Jühlke-Straße 7
99095 Erfurt, Deutschland
produktsicherheit@kolibri360.de